Deepa Hada
Kanika Sharma

Cassia Fistula: um agente antimicrobiano natural

Deepa Hada
Kanika Sharma

Cassia Fistula: um agente antimicrobiano natural

ScienciaScripts

Cover image: www.ingimage.com

This book is a translation from the original published under ISBN 978-620-2-07107-9.

Publisher:
Sciencia Scripts
is a trademark of
Dodo Books Indian Ocean Ltd. and OmniScriptum S.R.L publishing group

120 High Road, East Finchley, London, N2 9ED, United Kingdom
Str. Armeneasca 28/1, office 1, Chisinau MD-2012, Republic of Moldova, Europe
Printed at: see last page
ISBN: 978-620-8-25800-9

ÍNDICE

CAPÍTULO 1

Introdução

A Índia é considerada um país com ricos empórios de plantas medicinais e onde os antigos sistemas de medicina, como a Ayurveda, a Siddha e a Unani, são praticados há muitos anos. As plantas têm sido utilizadas como fonte de medicamentos ao longo da história devido à sua composição complexa, à sua vasta capacidade biossintética (Schmidt *et al.,* 2008) e à presença de uma vasta gama de metabolitos secundários, nomeadamente fenóis, flavonóides, quinonas, óleos essenciais, alcalóides, esteróis, etc. (Cowan, 1999; Sandhu e Arora, 2000). A literatura ayurvédica antiga, a literatura britânica e a literatura de medicina tradicional britânica fazem referência à utilização de formulações à base de plantas e de compostos terapêuticos farmacologicamente activos.
Farmacopeia, medicina tradicional chinesa, medicina europeia e medicinas tradicionais clássicas árabes ou do Norte de África e vários outros livros relacionados com a medicina tradicional (Cook e Martin, 1951; Wooton, 1972).

Os medicamentos derivados de fontes naturais desempenham um papel importante na prevenção e no tratamento de doenças. Em muitos países, a medicina tradicional é um dos principais sistemas de cuidados de saúde (Houghton, 1995; Vaidya, 2006). Em todo o mundo, as ervas são amplamente exploradas e os seus potenciais curativos estão bem documentados, pelo que os produtos naturais de plantas superiores podem ser uma nova fonte de agentes antimicrobianos com mecanismos de ação possivelmente novos (Runyoro *et al.,* 2006; Ncube *et al.,* 2008).

Nos últimos anos, a investigação sobre plantas medicinais tem atraído muita atenção a nível mundial. As provas demonstram o potencial promissor das plantas medicinais como fonte de compostos antimicrobianos. Estas plantas têm sido utilizadas em vários sistemas tradicionais, complementares e alternativos de tratamento de doenças humanas (Raju, 2001; Lampinen, 2005). Os medicamentos à base de plantas são conhecidos pelo homem desde há séculos. A eficácia terapêutica de muitas plantas indígenas para várias doenças foi descrita por praticantes da medicina tradicional (Shiva *et al.,* 2004). A medicina tradicional continua a ser uma fonte valiosa de remédios que têm sido utilizados por milhões de pessoas em todo o mundo para garantir a sua saúde (Islam *et al.,* 2004; Yanar, 2011; Jabeen *et al.,* 2013). As propriedades antimicrobianas das plantas medicinais estão a ser cada vez mais relatadas em diferentes partes do mundo (Lange *et al.,* 1993). As plantas são ricas numa grande variedade de metabolitos secundários, como taninos, terpenóides, alcalóides, flavonóides e glicosídeos, etc., que se verificou serem responsáveis pelas propriedades antimicrobianas *in vitro* (Mishra e Dubey, 1994; Dahanukar *et al.*, 2000).

As plantas têm uma capacidade quase ilimitada para sintetizar substâncias aromáticas, muitas das quais são fenóis ou os seus derivados substituídos por oxigénio e outros metabolitos secundários (Perumalsamy *et al.*, 1999). Estes compostos não estão necessariamente envolvidos no metabolismo essencial das células, mas são responsáveis pelas cores, sabor e cheiro. A atividade biológica dos extractos de plantas baseia-se na presença destes metabolitos que servem de mecanismo de defesa contra o ataque de insectos, herbívoros e microrganismos (Sofowara, 1993; Valsaraj *et al.*, 1997).

Os metabolitos secundários estão amplamente presentes nas plantas e ervas medicinais (Harbome, 1984). Sandhu e Arora (2000) referiram que estes metabolitos secundários são responsáveis pela atividade antimicrobiana dos extractos de plantas. Estes metabolitos secundários, como fenóis, flavonóides, quinonas, óleos essenciais, alcalóides, esteróis, timol, cumarinas e triterpenóides, são reservatórios inexplorados de vários produtos químicos valiosos (Lefevre *et al.*, 2008). Os remédios naturais à base de plantas são utilizados tanto para problemas de saúde agudos como crónicos, desde o tratamento de constipações comuns até ao controlo da tensão arterial e do colesterol. As formulações à base de plantas também têm um efeito preventivo contra micróbios patogénicos das plantas.

O sistema de medicina ayurvédica descreve a preparação e a utilização terapêutica de extractos de plantas sob a forma de várias formulações, tais como decocção, infusão, tintura, etc. (Fakim, 2006). Estas formulações são geralmente preparadas por procedimentos de extração a quente e a frio e resultam no desenvolvimento de extractos brutos que contêm os compostos responsáveis pela atividade antimicrobiana (Cowan, 1999).

A ação biológica e molecular dos metabolitos secundários das plantas induz várias alterações morfológicas e citológicas nos microrganismos, incluindo fungos e bactérias (Wilson *et al.*, 1997). Todas as alterações morfológicas/citomorfológicas podem estar relacionadas com o efeito dos metabolitos secundários nas reacções enzimáticas/enzimas específicas que regulam a síntese da parede celular, alterando/perturbando a permeabilidade da membrana, espessando a parede celular através da ligação aos receptores, bem como perturbando a membrana celular (Polya 2003).

CAPÍTULO 2

Descrição da planta *{Cassia fistula}*

A Cassia fistula (Linn.) pertence à família Fabaceae e à subfamília Caesalpinioideae. É uma planta semisselvagem muito conhecida pelas suas propriedades medicinais (Khare, 2007). É vulgarmente conhecida como Amaltas ou "Indian Laburnum" e tem sido amplamente utilizada no sistema de medicina ayurvédica para várias doenças conhecidas pelos seus belos cachos de flores amarelas (Prashanth *et al.,* 2006).

Inserir Figura 1

É uma árvore de folha caduca com casca cinzenta esverdeada, folhas compostas com 23-40 cm de comprimento e 4-8 pares de folíolos com 5-12 cm de comprimento. É utilizada na medicina tradicional para várias indicações (Gupta, 2010). O fruto é uma vagem cilíndrica e contém muitas sementes embebidas numa polpa doce preta separada por divisórias transversais. (Bhalerao e Kelkar, 2012). As vagens compridas, verdes quando verdes, tornam-se pretas quando amadurecem após a queda das flores (Prashanth *et al.,* 2006). A polpa é de cor castanha escura, pegajosa, doce e mucilaginosa, com um odor caraterístico. (Danish *et al.,* 2011; Bhalerao e Kelkar, 2012).

A árvore tem 6-9 m de altura; tronco reto; ramos espalhados, delgados; ráquis principal pubescente; estípulas minúsculas, lineares-oblongas (Nadkami, 2009; Gupta, 2010). Folhetos ovados ou ovado-oblongos, agudos, verdes brilhantes e glabros acima, mais pálidos e prateados pubescentes abaixo quando jovens, a nervura mediana densamente pubescente na parte inferior, base cuneiforme; nervos principais numerosos, próximos, conspícuos abaixo; pecíolos 6-10 mm de comprimento, pubescentes ou glabros (Prashanth *et al.,* 2006; Danish *et al.,* 2011). Flores em racemos laxos com 30-50 cm de comprimento; pedicelos com 3,8-5,7 cm de comprimento, delgados, pubescentes e glabros. Cálice de 1 cm de comprimento dividido até a base, pubescente; segmentos oblongos, obtusos; corola de 3,8 cm de diâmetro, amarela; estames todos anteríferos (Kirtikar e Basu, 1984; Gupta e Mazumdar, 2010).

As vagens são pendentes, cilíndricas, quase rectas, lisas, brilhantes, castanho-pretas, indeiscentes, com numerosas (40-100) sementes horizontais imersas numa polpa adocicada de cor escura (Gupta e Mazumdar, 2010). As sementes são amplamente ovadas, com 8 mm de comprimento, um pouco menos de largura e 5 mm de espessura. As vagens dos frutos têm 40-70 cm de comprimento e 20-27 mm de diâmetro, são rectas ou ligeiramente curvadas, lisas mas finamente estriadas transversalmente, aparecendo as estrias como fissuras finas (Kirtikar e Basu, 1984; Khare, 2007). As extremidades distais arredondadas apresentam um pequeno ponto que marca a posição do estilo. A sutura dorsal apresenta-se como um único filamento vascular e a sutura ventral como dois filamentos estreitamente aplicados. Internamente, a vagem é dividida por dissipações transversais finas, de cor amarelada, a intervalos de cerca de 0,5 cm. (Satyavati e Sharma, 1989). Cada compartimento contém uma semente que é plana, oval, castanha avermelhada com uma rafe bem marcada. A semente contém um endosperma esbranquiçado no qual o embrião amarelado está embebido (Kirtikar e Basu, 1984; Gupta, 2010; Bhalerao e Kelkar, 2012).

A raiz é prescrita como um tónico, adstringente, febrífugo e purgante forte. O extrato da casca da raiz com álcool pode ser utilizado para a febre da verruga dorsal (Patil, 2012). As raízes são utilizadas em dores no peito, dores nas articulações, enxaquecas e disenteria sanguínea. O extrato da raiz baixou o nível de açúcar no sangue até 30 por cento (Bhalerao e Kelkar, 2012). A raiz é útil em febre, doenças cardíacas, retenção de excreções e biliosidade (Mohd, *et al.,* 2011). O extrato aquoso da casca da raiz apresenta atividade anti-inflamatória. A raiz é utilizada em distúrbios cardíacos, biliosidade, condição reumática, hemorragias, feridas, úlceras e furúnculos e várias doenças de pele (Khare, 2007). A pasta de folhas de *Cassia fistula* misturada com óleo de coco é utilizada para tratar a pele queimada (Nadkami, 2009; Danish *et al.,* 2011).

A casca do caule é utilizada contra a amenorreia, dores no peito e inchaços (Patil, 2012). A casca possui propriedades tónicas e antidisentrópicas, também é utilizada para problemas de pele, o pó ou decocção da casca é administrado na lepra, iterícia, sífilis e doenças cardíacas (Mohd, *et al.,* 2011). O extrato de folha reduziu a mutagenecidade em *E. coli.* As folhas são laxantes e utilizadas externamente como emoliente, um cataplasma é utilizado para frieiras, em picadas de insectos, inchaço, reumatismo e paralisia facial (Gupta, 2010; Danish *et al.,* 2011). As folhas possuem propriedades antiperiódicas e laxantes, e são utilizadas em iterícia, hemorróidas, úlceras reumáticas e também externamente para erupções cutâneas, vermes anelares, eczema (Satyavati e Sharma, 1989; Gupta, 2010)

O medicamento é utilizado como analgésico e antipirético, é um remédio para a malária e a febre. Também é aplicado em envenenamento do sangue, carbúnculo e antidisentrópico, lepra e antidiabético, para a remoção de obstrução abdominal (Nadkami, 2009). O extrato da flor inibiu a função ovariana e estimulou a função uterina em ratos albinos. Os frutos são utilizados no tratamento da diabetes, antipirético, abortivo, demulcente, diminui a inflamação e o calor do corpo; útil em queixas do peito, problemas de garganta, queixas do fígado, doenças dos olhos e das mãos (Prashanth *et al.,* 2006; Satyavati e Sharma, 1989). A polpa do fruto é utilizada para a obstipação, cólicas, clorose e distúrbios urinários. As sementes são eméticas, utilizadas na obstipação e têm propriedades catárticas. As sementes são ligeiramente doces e possuem atividade laxante, carminativa, refrescante, melhoram o apetite e antipirética (Patil, 2012). São úteis na iterícia, biliosidade, doenças de pele e na garganta inchada. O pó da semente é utilizado na amebíase (Khare, 2007; Gupta, 2010; Danish *et al.*, 2011; Bhalodia *et al.*, 2012).

As actividades antimicrobianas das partes da planta *Cassia fistula* foram estudadas anteriormente por muitos cientistas (Phongpaichit *et al.*, 2004; Prashanth *et al.*, 2006; Sharma *et al.*, 2006; Abubacker *et al.*, 2008; Hajra *et al.*, 2011; Bhalodia e Shukla, 2011; Bhalodia *et al.*, 2012; Hada e Sharma, 2015).

CAPÍTULO 3

Descrição de *Alternaria solani*

Alternaria solani infecta caules, folhas e frutos de batata (5. *tuberosum),* tomate *{Solanum lycopersicum L.),* beringela *(S. melongena L.),* pimentão e pimenta *(Capsicum* spp.) e outros membros da família Solanum (Nachmias *et al.*, 1988; Holm, 2000). Os sintomas caraterísticos *de A. solani* incluem a mancha foliar e a desfolha, que são mais pronunciadas na parte inferior da copa. Em alguns casos, *A. solani* também pode causar amortecimento (Nachmias *et al.*, 1988; Rotem 1998; Sharma, 2001).

O agente patogénico causal do míldio, *Alternaria solani,* pertence à subdivisão Deuteromycotina; classe Hyphomycetes e família Dematiaceae. Tem um ciclo de vida policíclico (Wharton e Kirk, 2007). Não existe uma fase sexual conhecida e, por isso, é classificado como um fungo deuteromiceto (Ellis e Gibson, 1975; Alexopolous e Mims, 1993). O género *Alternaria* é um grupo grande e importante de fungos patogénicos para plantas, que causam um número significativo de doenças importantes (Boiteux *et al.*, 1995). O fungo é facilmente cultivado em meio de ágar dextrose de batata, onde produz colónias profundamente pigmentadas de castanho-acinzentado a preto. O micélio é geralmente castanho-claro, delgado, ramificado e septado (O'Brien e Rich, 1976). Os conidióforos não ramificados, constituídos por células escuras, que são mais largas do que as hifas vegetativas, apresentam cadeias de conídios obclavados, muriformes, de cor castanha clara ou escura, de tamanhos variáveis numa cadeia (Folsom e Bonde, 1925; Wharton e Kirk, 2007; Yanar, 2011). Os conídios bicudos são septados tanto transversalmente como longitudinalmente (Dube, 1990). A presença de conídios septados é a caraterística que identifica este fungo (Ellis e Gibson, 1975; Alexopolous e Mims, 1993; Pandey *et al.*, 2003).

Inserir Figura 2

Os esporos *de Alternaria solani* estão universalmente presentes nos campos onde foram cultivadas plantas hospedeiras (Nachmias *et al.*, 1988). Os esporos requerem a presença de água livre para germinar. Os esporos são incapazes de infetar uma folha perfeitamente seca (Heaney *et al.*, 2000; Pandey 2007). Os esporos *de Alternaria solani* germinam em meia hora a 2 horas numa ampla gama de temperaturas entre 26,6 e 29,4°C (80-85°F) (Holm, 2000). São necessárias mais 3 a 12 horas para que o fungo penetre na planta, dependendo da temperatura (Wharton e Kirk, 2007). Após a penetração, as lesões podem formar-se em 2-3 dias ou a infeção pode permanecer dormente à espera de condições adequadas [15,5°C, 60°F] e de períodos prolongados de humidade. *A Alternaria solani* esporula melhor a cerca de 26,6°C (80°F) quando existe humidade abundante (fornecida pela chuva, nevoeiro, neblina, orvalho, irrigação) (Rotem 1998; Harrison e Venette, 1970). As infecções são mais prevalecentes em plantas mal nutridas ou de outro modo stressadas (Chaerani e Voorrips, 2006).

A infeção primária começa a partir de inóculo que sobreviveu ao inverno, quer no solo, quer em detritos de plantas ou inóculo de outros hospedeiros (Ellis e Gibson, 1975; Folsom e Bonde, 1925). Quando a folhagem da batateira entra em contacto com o solo ou os resíduos vegetais contaminados, forma uma lesão (Boiteux *et al.,* 1995). Esta lesão produz então esporos que são responsáveis pela infeção secundária. A formação de esporos é óptima com folhagem que alterna entre condições húmidas e secas (Dube, 1990; Wharton e Kirk, 2007). É o caso de sistemas de irrigação suspensos ou de orvalho ou nevoeiro frequentes. Os esporos que se formam podem ser deslocados pelo vento e pela chuva e são transportados para a folhagem e para o solo dentro desse campo, bem como para os campos circundantes (Holm, 2000; Yanar, 2011).

A infeção propaga-se aos tubérculos através de feridas durante ou após a colheita (Pscheidt e Stevenson, 1988). Isto ocorre quando um tubérculo ferido entra em contacto com solo ou material vegetal contaminado (Wharton e Kirk, 2007). A humidade nas superfícies dos tubérculos e os ambientes quentes favorecem a infeção (Shtienberg *et al.,* 1990; Franc, 1995,). Para ajudar a diminuir a propagação da doença, armazenar os tubérculos numa sala com ventilação forçada de ar, a fim de diminuir a humidade necessária para a germinação dos esporos (Dube, 1990; Pasche *et al.* 2004, 2005). Além disso, as temperaturas de armazenamento devem ser inferiores a 41 °F, a fim de retardar o desenvolvimento da doença (Shtienberg *et al.,* 1990; Franc, 1995). A doença não se propaga de tubérculo para tubérculo durante o armazenamento; no entanto, pode parecer que se propaga porque pode levar semanas ou meses para que as lesões apareçam na infeção (Waals *et al.* 2004; Pandey 2007; Yanar, 2011).

CAPÍTULO 4

Metabolitos secundários

Os metabolitos secundários, como os flavonóides, as proantocianidinas, os taninos e a antraquinona, têm a capacidade de inativar as adesões microbianas, as enzimas, as proteínas de transporte, bem como de perturbar o invólucro celular (Ya *et al.,* 1988; Mishra *et al.,* 2009). Vários estudos demonstraram que os compostos fenólicos promovem o desequilíbrio osmótico interno ao perturbar os metabolismos fúngicos, levando à retração do plasmalema e à agregação do citoplasma (Southerton e Deverall, 1990). Os flavonóides são polifenóis importantes para a fisiologia das plantas e contribuem para a resistência contra microrganismos, insectos e animais herbívoros (Haslam, 1996). Os flavonóides podem também romper as membranas microbianas (Tsuchiya *et al.,* 1996, Cowan 1999; Mishra *et al.,* 2009).

Muitos trabalhadores também relataram as alterações citomorfológicas e a inibição da germinação de esporos nos microrganismos por extractos de plantas (Jaganathan e Narsimhan, 1988; Misra e Dixit, 1995; Wilson *et al.,* 1997). Bianchi *et al.* (1997) relataram alterações citomorfológicas, particularmente a acumulação de corpos lipídicos e o espessamento da parede celular em fungos fitopatogénicos em tratamento com extrato de alho. Singh *et al.* (1997) referiram que os extractos de bolbos de *Allium sativum* e *Allium cepa* e de folhas de *Azadirachta indica* mostraram inibição da germinação de esporos de *Colletotrichum capsici.* Ke-Qiang e Bruggen (2001) avaliaram o efeito inibidor do alho e do extrato de junco, dois produtos vegetais; bio-clean e óleo de citronela na germinação de esporos, crescimento de hifas e infeção de *Phytopthora infestans* em folhas de batata.

Berdicevsky *et al.* (2001) relataram as alterações na morfologia das hifas e dos esporos em dermatófitos devido a danos graves no revestimento celular dos fungos por tratamento com extrato de *I. viscosa.* O efeito dos extractos de folhas de *Cassia alata* L., *C. fistula* L. e *C. tora* L. na morfologia micelial, na morfologia conidial e na germinação de *Microsporum gypseum* foi relatado por Phongpaichit *et al.* (2004). O sumo *de Allium sativum* foi considerado eficaz na redução da produção de conidióforos e oósporos em Hyaloperonospora parasitica, o agente casual do míldio em Arabidopsis (Curtis *et al.,* 2004). Banos e Lopez (2004) referiram que o quitosano e vários extractos de plantas induzem alterações nos conídios e na morfologia micelial de *Fusarium oxysporum, Penicillium digitatum* e *Rhizopus stolonifer.* Abyaneh *et al.* (2005) registaram alterações morfológicas em *Aspergillus parasiticus* toxigénico exposto a extractos aquosos de folhas e sementes de nim *(Azadirachta indicd).*

Hermanova *et al.* (2006) referiram que a P-l,3-glucanase provoca a rutura da parede celular fúngica e dos ribossomas celulares e inibe o crescimento fúngico de *Colletotrichum musae* e *C. lindemuthianum*, que foi isolado de sementes de feijão-frade *(Vigna unguiculate* L Walp). Portz *et al.* (2008) descobriram que o extrato de alho inibe a germinação *in vitro* e *in vivo* de esporângios, cistos e tubo germinativo de *Phytophthora* em pepino. Taskeen *et al.* (2011) também relataram uma inibição significativa da germinação de esporos de *Fusarium oxysporum* pelos extractos de *Allium sativum, Allium cepa* e *Mentha arvensis.*

Farrag *et al.* (2013) relataram a inibição da germinação de esporos, bem como o crescimento micelial de *Fusarium oxysporum* por extractos de reum e alho. Goel e Sharma (2013) relataram uma diminuição notável no crescimento e na reprodução, alterações no número de células, largura do micélio, tamanho dos conídios e tamanho dos conidióforos de *Aspergillus fumigates* por extrato de acetona da folha e extrato de álcool da inflorescência de *Euphorbia pulcherrima.* Sundaramoorthy *et al.* (2014) também relataram a inibição completa da germinação de esporos de *Colletotrichum capsici* por extractos *de Eucalyptus globulus.*

A destruição das plantas cultivadas devido à infeção por agentes patogénicos fúngicos sempre foi uma área de grande preocupação. Cientistas de todo o mundo estão empenhados em encontrar métodos de desenvolvimento de técnicas de controlo de doenças das plantas. O controlo químico é o método mais comum e predominante de controlo de doenças (Masuduzzaman *et al.,* 2008). Os fungicidas sintéticos provocam a inibição dos agentes patogénicos destruindo a sua membrana celular ou a sua permeabilidade ou inibindo os processos metabólicos dos agentes patogénicos e, por conseguinte, são extremamente eficazes (Bokshi *et al.,* 2003, Osman e Al-Rehiayam 2003; Sharma *et al.,* 2008; Anitha e Miruthula, 2014). O mancozebe (0,2%) foi considerado o mais eficaz na inibição do crescimento micelial de *Alternaria solani* (Choulwar, 1989). A eficácia do mancozebe no controlo do míldio do tomate também foi comunicada (Singh *et al.,* 2001; Siva *et al.,* 2008).

O lado negativo da utilização de fungicidas sintéticos é o facto de serem prejudiciais para a saúde humana e animal, bem como para o solo. Entram na cadeia alimentar e causam vários efeitos deletérios na biosfera, contribuindo para declínios significativos nas populações de organismos benéficos do solo, acidificação e compactação do solo, acumulação de colmo e diminuição da resistência a doenças (Shiva *et al.,* 2004; Hada e Sharma, 2014). A utilização excessivamente zelosa e indiscriminada da maioria dos fungicidas sintéticos criou diferentes tipos de problemas ambientais e toxicológicos (Siva *et al.,* 2008, Masuduzzaman *et al.,* 2008, Gurjar *et al.,* 2012; Bektas & Eulgem, 2015).

Assim, o pensamento atual sobre a proteção das plantas e do ambiente sugere alternativas aos pesticidas e a utilização de outras estratégias para além dos métodos bem conhecidos de gestão de doenças, tais como a rotação de culturas, a utilização de cultivares resistentes, a plantação de sementes livres de doenças, o controlo biológico, etc. (Tuzun & Kloepper, 1995). Os produtos vegetais naturais são fontes importantes de novos agroquímicos para o controlo de doenças das plantas (Kagale *et al.*, 2004, Maya e Thippanna, 2013). A procura de uma estratégia ambientalmente segura e economicamente viável para o controlo de doenças levou a um aumento da utilização de produtos à base de plantas na agricultura. As preparações de produtos vegetais e os bioagentes não deixam quaisquer resíduos tóxicos e, por conseguinte, podem substituir eficazmente os fungicidas sintéticos (Krupinsky *et al.*, 2002, Coelho de Souza *et al.*, 2004; Danish *et al.*, 2011; Hajra *et al.*, 2011; Jabeen etal., 2013; Hada e Sharma, 2014).

Tendências recentes favorecem a utilização de substâncias alternativas derivadas de extractos naturais de plantas para controlar pragas (Laie e Abdulrahman, 1999; Xan *et al.*, 2003; Islam *et al.*, 2004). A utilização de produtos naturais para o controlo de doenças fúngicas em plantas é considerada uma alternativa interessante aos fungicidas sintéticos devido ao seu menor impacto negativo no ambiente (Cao e Forrer, 2001b; Khair e Haggagg, 2007). Estes produtos naturais ou extractos de plantas podem ser explorados como pistas para a síntese química de novos agroquímicos, ou como produtos comerciais por direito próprio, ou como fonte de inspiração para bioquímicos para o desenvolvimento de novos bioensaios capazes de detetar outros compostos, estruturalmente mais simples, com o mesmo modo de ação (Lange *et al.*, 1993; Islam *et al.*, 2004; Yanar, 2011; Jabeen etal., 2013).

Dado que a atenção mundial está a mudar para produtos naturais e análogos, a procura de medicamentos à base de plantas também está a aumentar e várias plantas foram analisadas quanto à sua atividade. A atividade antifúngica da planta ou dos seus extractos, bem como do óleo essencial, foi estudada por vários trabalhadores (Ballal et.al., 2001; Satya *et al.*, 2005; Akinpelu *et al.*, 2006; Buwa *et al.*, 2006; Guleria e Kumar, 2006; Cavaleiro *et al.*, 2006; Tegegne, 2007; Liasu e Ayandele, 2008; Tariq *et al.*, 2008; Bobbarale *et al.*, 2009; Audipudi *et al.*, 2010; Ashraf *et al."* 2011; Sheikh *et al.*, 2012; Rajamanickam e Sudha, 2013, Hada e Sharma, 2015).

O rastreio inicial de plantas quanto a possíveis actividades antimicrobianas começa normalmente por utilizar o álcool bruto ou extractos aquosos preparados por métodos de extração a frio ou a quente. A água e o álcool são solventes universais utilizados para extrair produtos vegetais com atividade antimicrobiana, uma vez que a maioria dos compostos antimicrobianos são solúveis nestes solventes. Uma vez que quase todos os compostos antimicrobianos identificados nas plantas são compostos orgânicos aromáticos ou saturados, são mais frequentemente obtidos através da extração

alcoólica inicial (Serkedjieva e Manolova, 1992). O extrato bruto contém diferentes tipos de metabolitos secundários com diferentes polaridades. Assim, os solventes mais frequentemente utilizados para investigações preliminares da atividade antimicrobiana das plantas são a água e o álcool (geralmente metanol e etanol) (Paccola *et al.*, 2004; Wanchaitanawong *et al.*, 2005; Parekh *et al.*, 2005; Helmy *et al.*, 2007; Somda *et al.*, 2007; Fawzi, et. al.,2009;
Shanmugavalli *et al.*, 2009; Pawar, 2011; Shabir *et al.*, 2011; Rosa *et al.*, 2012; Maya e Thippanna, 2013).

Os métodos de extração a frio resultam na preparação de infusões e tinturas, enquanto a extração a quente leva à formação de decocções. As infusões são preparadas mergulhando as ervas maceradas em água fria ou quente durante um período de tempo conhecido. As tinturas referem-se normalmente a uma solução alcoólica a 30-70% preparada a partir de material vegetal medicinal. A decocção requer a ebulição do material vegetal com água e/ou solvente orgânico durante um período de tempo específico (Fakim, 2006). As partes secas da planta também podem ser utilizadas externamente sob a forma de mistura com óleos e vaselina (Thompson, 1978; Cowan, 1999).

CAPÍTULO 5

Extração a frio

Esta extração foi feita em dois solventes universais, isto é, água e álcool. O extrato a frio foi preparado de acordo com o método modificado de Shadomy e Ingroff (1974). O extrato alcoólico a 100%, o extrato alcoólico a 50% e o extrato aquoso a 100% da polpa do fruto foram preparados dissolvendo 20 g de material vegetal seco e em pó em 100 ml de solvente (álcool/água) durante 24 h. A suspensão foi filtrada através de papel de filtro Whatman n.º 1 e depois seca no vácuo com a ajuda de um evaporador de vácuo rotativo. 1 e depois seca no vácuo com a ajuda de um evaporador de vácuo rotativo. O resíduo seco foi utilizado como extrato e o solvente foi reciclado.

Extração a quente

O método de extração por solventes em refluxo foi utilizado para a separação sucessiva de diferentes constituintes orgânicos parcialmente purificados presentes no material vegetal seco (Harbome, 1984; Kokate et al. 1990). A série de solventes utilizada para a separação sucessiva foi a seguinte

Éter de petróleo Benzeno Clorofórmio Acetona Metanol -> Água

Este método envolve a extração contínua de material vegetal seco em pó num aparelho de soxhlet com uma série de solventes orgânicos. Antes de cada extração com o solvente seguinte, o material vegetal foi seco numa estufa a uma temperatura inferior a 50 °C. 40 g de pó de planta seco foram mantidos na unidade de extração soxhlet e extraídos com 280 ml de éter de petróleo até todas as fracções solúveis em gasolina terem sido extraídas. O resíduo foi seco e utilizado para extração com o solvente seguinte. O mesmo procedimento foi repetido com cada solvente e, finalmente, o resíduo foi macerado com água para obter uma fração aquosa. O esquema das extracções sucessivas foi o seguinte

40 g de pó seco da planta foram extraídos com 280 ml de éter de petróleo (40° - 60° C) até se obter todo o extrato de PE.

PE soluble fraction

Residue

Dried in rotary evaporator

Dried at room temperature. Extracted with 280ml Benzene till all benzene soluble fractions were obtained.

Dried in rotary evaporator

Residue

Dried at room temperature. Extracted with 280ml chloroform till all chloroform soluble fractions were obtained.

Dried in rotary evaporator

Residue

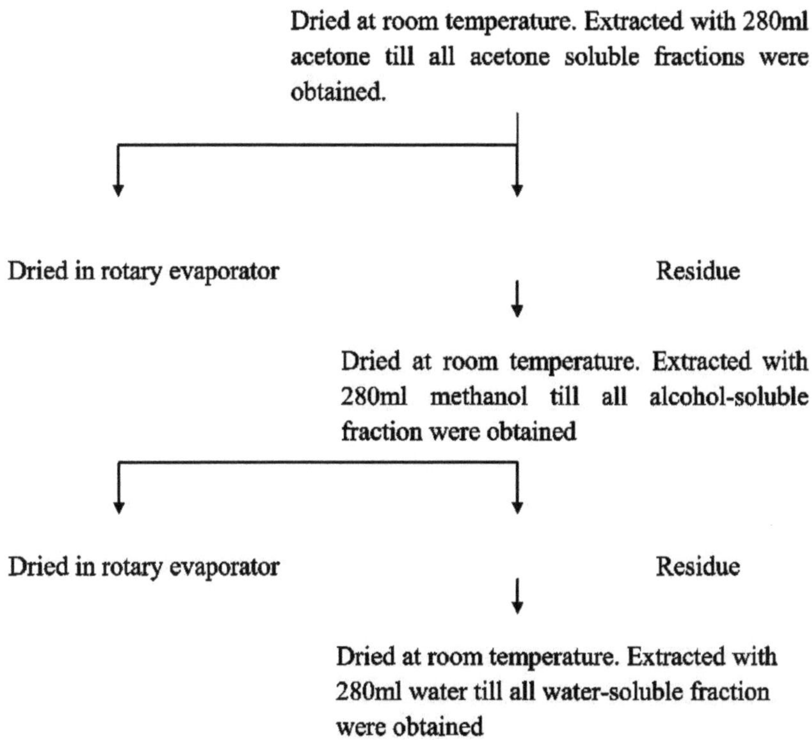

O extrato bruto e as fracções obtidas em cada etapa, incluindo a fração aquosa, foram secos no vácuo num evaporador rotativo. O extrato seco e as fracções foram pesados e a sua percentagem em termos do peso seco do material vegetal foi estimada pela seguinte fórmula.

$$\text{Percentagem de extrato} = \frac{\text{Peso do extrato seco}}{\text{Peso do material vegetal seco}} \times 100$$

Inserir Figura 3

O êxito da extração de compostos antimicrobianos de material vegetal depende em grande medida do tipo de solvente utilizado no processo de extração. As propriedades de um bom solvente na extração de plantas incluem a facilidade de evaporação

a baixa temperatura, ação conservante e incapacidade de provocar a complexação ou dissociação do extrato (Hughes, 2002). Além disso, como o produto final da extração conterá vestígios de solvente residual, o solvente deve ser não tóxico e não deve interferir com o bioensaio (Ncube *et al.,* 2008). A escolha dependerá também do composto-alvo a extrair.

Ashraf et al. (2011) relataram a atividade antimicrobiana de metanol, clorofórmio e extractos aquosos de *Origanum vulgare VIQXQ* determinada contra nove estirpes bacterianas gram negativas e gram positivas diferentes e três manchas fúngicas. Atividade antimicrobiana dos extractos aquosos de folhas de *Ageratum conyzoides, Boerhaavia diffusa, Dathura stramonium, Euphorbia hirta, Hyptis suaveolens, Jatropha gossypifolia, Phyllanthus niruri, Prosopis juliflora, Solanum nigrum, Tridex procumbens* e *Ziziphus jujube* contra *Xanthomonas campestris, Agrobacterium rhizogenes* e *Aspergillus fumigatus* foi relatado por Sheikh *et al.*, (2012). O potencial antimicrobiano do extrato bruto de *Moringa oleifera* e *Allamanda cathartica* contra múltiplos agentes patogénicos clínicos resistentes a medicamentos foi estudado por Rajamanickam e Sudha (2013).

Os curandeiros tradicionais utilizam principalmente água, mas verificou-se que os extractos de plantas a partir de solventes orgânicos proporcionam uma atividade antimicrobiana mais consistente em comparação com o extrato de água (Parekh *et al.*, 2005). Num outro estudo, entre os vinte solventes diferentes avaliados, o clorofórmio foi considerado o melhor solvente para a extração de compostos biológicos activos não polares (Harmala *et al.*, 1992). Também a utilização da combinação de vários solventes assegura a extração completa de todos os metabolitos primários e secundários presentes na planta ou nas suas partes. Assim, vários trabalhadores utilizaram vários solventes orgânicos ou a sua combinação para o procedimento de extração. Éter de petróleo, benzeno, clorofórmio, hexano, metanol ou etanol ou hidroálcool foram utilizados por vários trabalhadores para a extração sucessiva de compostos activos em extractos de plantas (Pathania *et al.*, 2002; Balakrishnan *et al.*, 2003; Rajasekhar *et al.*, 2004; Green, 2004; Nguyen *et al.* 2009; Chaudhary *et al.*, 2010; Nikolajeva *et al.* 2012; Bhagwat e Datar, 2013).

Cada espécie de planta tem o seu próprio conjunto específico de metabolitos secundários. O estudo da atividade biológica e dos constituintes químicos da planta é desejável para a descoberta de novas classes de compostos. Cada fração preparada por extração sucessiva contém um conjunto específico de metabolitos secundários. Durante a extração, estes metabolitos secundários solubilizam-se em solventes com polaridade semelhante (Ncube *et al.*, 2008). Os testes fitoquímicos qualitativos indicam a classe de metabolitos secundários presentes em fracções individuais. Vários trabalhadores estudaram as propriedades fitoquímicas do extrato de plantas através de testes fitoquímicos qualitativos. Arunkumar e Muthuselvam (2009) relataram a presença de metabolitos secundários em fracções etanólicas de *Aloe vera* L. Panda et al. (2010) investigaram as propriedades fitoquímicas do extrato metanólico de *Chromolaena odorata.* A fração etanólica de *Pentas decora* (De Wild) foi submetida a testes fitoquímicos por Ahumuja e Kirimuhuzya (2011). Anitha e Miruthula (2014) referiram que *a C. fistula* é conhecida por ser uma fonte importante de metabolitos secundários, nomeadamente compostos fenólicos.

O passo seguinte é a separação, identificação e determinação da estrutura dos compostos biologicamente activos do extrato. É bem conhecida a aplicação de várias técnicas cromatográficas, tais como TLC, cromatografia em coluna, HPLC (cromatografia líquida de alta eficiência), LC MS (espetrometria de massa por cromatografia líquida), GC MS (espetrometria de massa por cromatografia gasosa), electrospray e LCNMR (ressonância magnética nuclear por cromatografia líquida) para a separação e determinação da estrutura de compostos vegetais antifúngicos e antibacterianos (Bohlin e Bruhn, 1999). A análise cromatográfica fornece classes úteis de compostos químicos, tais como alcalóides, flavonóides, taninos, saponinas e compostos redutores. A TLC é um método de rastreio ideal na análise biológica e química de compostos antimicrobianos e ajuda na identificação, bem como na determinação qualitativa e semi-quantitativa dos compostos. É o único método cromatográfico que oferece a opção de apresentar os resultados sob a forma de uma imagem (Phillipson, 2007). Esta técnica permite a análise paralela de amostras e os resultados são obtidos rapidamente (Hostettmann *et al.,* 1995).

A cromatografia em coluna inclui a separação de vários metabolitos secundários das fracções parcialmente purificadas que contêm um grupo de metabolitos secundários. Trata-se de uma abordagem simples para separar o princípio ativo dos extractos selecionados. Deteção cromatográfica em camada fina de glicosídeos esteróides e alcalóides num extrato etanólico de Winter Cherry

(Physalis alkekengi) foi efectuado por Vessal et al. (2006). Ilic et al. (2004) estudaram os flavonóides da flor de *Linum capitatum* kit. utilizando cromatografia em camada fina. A identificação dos princípios activos do extrato de folhas de *M. balsamina* (maçã balsâmica) foi efectuada por TLC por Karumi et al. (2004). O isolamento e a identificação de substâncias farmacologicamente activas em determinadas plantas medicinais foram efectuados por Saxena et al. (2003a). Satya et al. (2005) registaram a presença de compostos fenólicos nas folhas de *Cymbopogon citratus* utilizando cromatografia em camada fina. Ambas as técnicas, TLC e cromatografia em coluna, incluem apenas a separação e a identificação semi-quantitativa da fração ativa presente na amostra. A determinação da estrutura não é possível em ambas as técnicas. Recentemente, as técnicas cromatográficas e espectroscópicas hifenizadas são ferramentas analíticas poderosas que são combinadas com o rastreio biológico de elevado rendimento para a determinação

estrutural de novos compostos. As técnicas cromatográficas e espectroscópicas hifenizadas incluem LC-UV-MS (cromatografia líquida - ultra violeta - espetrometria de massa), LC-UV-NMR (cromatografia líquida - ultra violeta - ressonância magnética nuclear), LC-UV-ES-MS (cromatografia líquida - ultra violeta - electrospray - espetrometria de massa) e GC-MS (Phillipson, 2007). A GC é uma técnica ideal para a análise de misturas complexas. Numa só passagem do GC é possível separar centenas de constituintes e identificá-los por comparação com uma base de dados. A quantificação e a determinação da estrutura são geralmente efectuadas através da análise por GC-MS (Marston, 2007; Anitha e Miruthula; 2014).

A viabilidade comercial de qualquer extrato de planta depende da sua capacidade de manter a estabilidade em condições físicas variáveis. A atividade antimicrobiana dos extractos de plantas depende da natureza química dos compostos presentes nos mesmos. Vários factores físicos, como o pH, a temperatura e a exposição à luz solar, podem provocar uma alteração na natureza química destes compostos. Jeong *et al.,* (2004) investigaram o efeito do tratamento térmico na atividade antioxidante de extractos de cascas de citrinos. A atividade antioxidante do extrato de cascas de citrinos aumentou com o aumento da temperatura. Lee *et al.,* (2004) investigaram o efeito do calor e do pH no extrato de alho-francês chinês e descobriram que o tratamento térmico acima de 15°C reduziu a atividade inibidora, enquanto a atividade inibidora é estável entre pH 2,0 e 8,0.

Foi estudado o efeito de diferentes concentrações, até à CIM, da fração clorofórmica da polpa do fruto de *Cassia fistula* em parâmetros cito-morfológicos como a largura do micélio e o tamanho dos conídios de *Alternaria solani.* As fracções em coluna do extrato clorofórmico também foram analisadas quanto à atividade antifúngica e a fração que apresentou a melhor atividade foi submetida a uma análise por GC MS para a purificação e identificação da estrutura do composto ativo.

CAPÍTULO 6

Efeito do extrato de clorofórmio na morfologia de *Alternaria solani*

O extrato de clorofórmio foi preparado pelo método de extração a quente sugerido por Harbome, 1984. A Concentração Inibitória Mínima (CIM) deste extrato foi determinada pelo método de diluição em caldo (Collee *et al.*, 1996). Foi estudado o efeito do extrato de clorofórmio em vários parâmetros morfológicos e citológicos de *Alternaria solani*. O fungo de teste foi tratado com concentrações crescentes do extrato até à CIM. Uma pequena biomassa fúngica constituída por micélio e esporos foi removida de cada tubo e o exame microscópico foi efectuado após coloração com azul de algodão e montagem em lactofenol. As alterações na largura do micélio, no tamanho dos conídios e no número de conídios também foram observadas com a ajuda do microscópio de investigação trinocular Olympus BX-51 e analisadas com um micrómetro ocular utilizando o microscópio. A contagem de conídios/esporos foi feita por hemocitómetro.

O efeito do extrato de clorofórmio na largura micelial e no tamanho dos conídios de *Alternaria solani* é apresentado nos quadros 1 e 2. No controlo, observou-se um crescimento luxuriante do fungo testado. O tapete micelial espesso com crescimento circular, cotonoso, preto escuro a castanho no controlo mostrou a presença de conidióforos escuros, não ramificados, mais largos do que as hifas vegetativas, com cadeias de conídios castanho-escuros, septados transversal e longitudinalmente e com um bico distinto. Foi observada uma diminuição sequencial do tamanho dos conídios e um aumento da largura micelial com o aumento da concentração do extrato até à CIM. Na CIM foi observada uma inibição completa do crescimento. Foram observados conídios danificados com tamanho e número reduzidos nas culturas tratadas.

Foi observada uma diminuição gradual no tamanho dos conídios, enquanto se observou o inchaço da hifa devido ao tratamento com o extrato. A largura do micélio de *Alternaria solani* aumentou até 77,89% a uma concentração de 1,25 mg/ml do extrato. O tamanho dos conídios da *Altemaria solani* foi reduzido até 97,61% a 1,25 mg/ml (Sub CIM) de concentração do extrato de clorofórmio. A inibição da formação de conídios e micélios foi observada na CIM do extrato, ou seja, 2,5 mg/ml. Também foram observadas algumas anomalias nas estruturas reprodutivas de *Alternaria solani* após o tratamento com extractos. Na concentração de 1,25 mg/ml de extrato, observou-se uma ramificação dicotómica nos conidióforos e os conídios foram encontrados diretamente ligados aos micélios.

Inserir os quadros 1 e 2

Inserir Figura 4

Os resultados sugerem que o extrato clorofórmico da polpa do fruto de *C. fistula* inibe o crescimento de *Alternaria solani* e esta inibição depende da concentração. Quando a concentração do extrato aumentou, o tamanho dos conídios diminuiu, enquanto a largura do micélio aumentou. Também foram observadas algumas estruturas anormais no conidióforo e uma diminuição notável no crescimento geral do fungo testado.

A citologia das espécies de *Alternaria* foi estudada por Stall (1958) e Hartmann (1966), tendo ambos constatado que as células do micélio vegetativo e os esporos são multinucleados. *Alternaria solani* é um fungo deuteromiceto que se reproduz principalmente através da formação de um grande número de conídios assexuados. Esporula melhor a cerca de 26,6°C (80°F) quando existe humidade abundante (fornecida pela chuva, nevoeiro, neblina, orvalho, irrigação) (Chaerani e Voorrips, 2006). É necessária água livre para que os esporos germinem; os esporos não conseguem infetar uma folha perfeitamente seca. Após a penetração, as lesões podem formar-se em 2-3 dias ou a infeção pode permanecer adormecida à espera de condições adequadas. As infecções são mais prevalentes em plantas mal nutridas ou sujeitas a stress (Alhussaen, 2012).

Os resultados mostraram uma inibição do crescimento fúngico dependente da concentração do extrato da planta, o que pode ser devido ao aumento da concentração de metabolitos secundários/componentes activos ao aumentar a concentração. O mesmo padrão foi também registado por Bonjar (2004); Maresa *et al.* (2004); Thanaboripat *et al.* (2006); Reddy *et al.* (2009); Reddy *et al.* (2010);

Alhussaen (2012); Goel e Sharma (2013). As principais alterações na largura do micélio e no tamanho dos conídios foram observadas devido à presença de metabolitos secundários no extrato da planta. Estes metabolitos secundários podem inativar as adesões microbianas, podem alterar a permeabilidade da membrana, permitindo a entrada de água e/ou podem acumular-se nas hifas do fungo de ensaio, o que resulta num aumento da largura do micélio. Ya *et al.* (1988); Tsuchiya *et al.* (1996) também referiram que os metabolitos secundários das plantas têm a capacidade de inativar as adesões microbianas perturbando a membrana fúngica, as enzimas fúngicas, o invólucro celular e as proteínas de transporte que, em última análise, alteram a disposição da membrana e, consequentemente, a morfologia da célula/hifa fúngica, bem como outras estruturas. Tsai *et al.* (1999) sugerem que alguns pigmentos fúngicos são produtos naturais e estão associados ao desenvolvimento de estruturas reprodutivas. Do mesmo modo, o pigmento castanho escuro denominado melanina é formado pela polimerização oxidativa de compostos fenólicos e sintetizado durante a formação de esporos. Alcalóides como a solanina e a chaconina são discutidos como factores de resistência da batata contra *A. solani* (Sinden *et al.,* 1972).

Vários metabolitos secundários antimicrobianos são responsáveis pela produção de alterações morfológicas nos microrganismos. Estes metabolitos antimicrobianos têm múltiplos locais-alvo nas células microbianas para inibição ou destruição de microrganismos, o que resulta num efeito microbiostático e microbicida (Escalada *et al.,* 2005). Os principais locais-alvo afectados pelos antimicrobianos são geralmente a parede celular, a membrana celular e o citoplasma do microrganismo, incluindo a atividade metabólica, enzimas importantes e metabolitos (Theis *et al.,* 2003). Cada metabolito secundário tem os seus próprios alvos bioquímicos e moleculares específicos, que incluem principalmente proteínas como os receptores e as enzimas (Polya, 2003). Alguns estudos sugerem que o timol e o carvacrol penetram no interior das células fúngicas e interferem com o metabolismo celular, perturbam a estrutura da membrana celular e reagem com os locais activos das enzimas ou actuam como transportadores de H^+, esgotando o pool de trifosfato de adenosina (Farag *et al.,* 1989; Marino *et al.,* 2001; Ultee *et al.,* 2002).

Os flavonóides, as proantiocinidinas, os taninos, as antraquinonas, as saponinas e os alcalóides têm a capacidade de inativar as adesões microbianas, as enzimas, o envelope celular, as proteínas de transporte, etc. (Ya *et al,* 1988). Os flavonóides podem também romper a membrana microbiana (Tsuchiya *et al,* 1996). Por conseguinte, a alteração da morfologia das hifas pode dever-se à perda de integridade da parede celular. Consequentemente, a permeabilidade da membrana plasmática pode ser afetada, o que poderia explicar as alterações na morfologia e no tamanho dos micélios, tal como sugerido por Nakamura *et al.* (2004). Todos estes efeitos adversos nos micélios e hifas dos fungos podem ser responsáveis pela diminuição do crescimento e da reprodução dos fungos. Foi demonstrado que os fenólicos desempenham um papel importante em muitas interações planta-patógeno, tanto como metabolitos de defesa constitutivos como como fitoalexinas induzidas (revisto por Hahlbrock e Scheel, 1989). Andreu *et al.* (2001) verificaram uma acumulação de fenólicos em folhas de batateira inoculadas com *P. infestans*. Os fenólicos desempenham um papel na resistência das plantas solanáceas a *A. solani.*

Também se observou o desenvolvimento de estruturas anómalas no lugar de estruturas reprodutivas de *Alternaria solani.* Isto pode dever-se ao composto ativo/metabolito secundário (antraquinona) presente no extrato de polpa do fruto de *C. fistula.* A antraquinona, um dos flavonóides mais amplamente distribuídos, tem fortes propriedades antimicrobianas e pode ter causado uma alteração temporária nas estruturas normais dos conídios. Muitos trabalhadores também referiram que qualquer perturbação na integridade da parede celular (uma vez que a antraquinona afecta a integridade da parede celular) afecta o crescimento dos fungos através do modo de degradação dos polímeros da parede celular fúngica, da formação de canais e poros na membrana, da danificação do ribossoma celular, da inibição da síntese de ADN, bem como do ciclo celular (Broekaert *et al.,* 1997; Acevedo e Garcia, 2007). A filamentação anormal, juntamente com a alteração da citomorfologia em fungos patogénicos de plantas, também foi relatada após o tratamento com extrato de plantas por Stanghellini e Tomlinson, (1987); Pattnaik, *et al.* (1995); Rath *et al.* (2001). Wang & Ng (2006) relataram que as sementes de feijão de prateleira suprimiram potentemente o crescimento micelial de *Botrytis cinerea, Fusarium oxysporum* e *Mycosphaerella arachidicola.* O alvo principal pode ser algumas enzimas importantes ou a parede celular. Foi relatado um espessamento da parede celular dos conídios em culturas de *A. flavus* após tratamento com extractos aquosos de *Tulbaghia violacea* (Somai e Belewa, 2011).

A parede celular dos fungos é uma estrutura única que é essencial para a sua sobrevivência. Difere das células dos mamíferos e, consequentemente, constitui um alvo atrativo para novos antifúngicos. A parede celular dos fungos é uma estrutura vital e complexa que contém manoproteínas, quitinas e glucanos. Os componentes quitina e glucano da parede celular são bons alvos para os medicamentos porque são únicos e essenciais para os fungos (Georgopapadakou e Tkacz, 1995). Cowan (1999) referiu que as enzimas líticas vegetais actuam na parede celular dos fungos, provocando a rutura do glicano P-1,3, do glicano P-1,6 e do polímero de quitina (Brul e Coote, 1999). As alterações na citomorfologia do fungo testado podem dever-se à alteração da expressão genética ou à eliminação de alguns genes importantes para a síntese da parede celular, uma vez que a P-1,3-glucano sintase (Fksl) desempenha o papel principal na biossíntese da parede celular (Beauvais *et al.,* 2005). A Fksl é uma proteína integral da membrana plasmática com 16 hélices trans-membranares putativas. O genoma da maioria dos fungos contém normalmente apenas um único gene da P-1,3-glucano sintase e a deleção deste gene é supostamente letal (Firon *et al.,* 2002; Henry *et al.,* 2012).

Ultee (1999) referiu que o óleo essencial de chá e de menta, bem como o carvacrol, podem provocar a fuga de material celular. A dissipação dos gradientes de iões leva à perturbação de processos essenciais na célula e, finalmente, à morte celular. Mesa-Arango *et al,* (2014) também relataram a atividade fungicida da AmB e o modo de ação desta baseia-se na formação de canais na membrana celular, que levam a um aumento da permeabilidade da membrana e à fuga de pequenas moléculas, à inibição da respiração aeróbica e anaeróbica e à acumulação de espécies reactivas de oxigénio (ROS) que inibem o citocromo fúngico P450 14a-sterol desmetilase, levando, em última análise, a uma diminuição do ergosterol na membrana citoplasmática fúngica e, assim, à inibição do crescimento em *Apergillus.*

A maioria das alterações citomorfológicas foram observadas ao nível da CIM e abaixo deste. Ao nível da CIM, o efeito fungistático pode dever-se à ação inibidora dos metabolitos secundários presentes no extrato da polpa do fruto de *C. fistula.* Cowan, (1999) sugeriu que os mecanismos envolvidos nos efeitos fungistáticos/fungicidas são a granulação do citoplasma, a rutura da membrana citoplasmática e a inativação e/ou inibição de enzimas intracelulares e extracelulares. Sugeriu também que estes eventos biológicos podem ocorrer separadamente ou concomitantemente, culminando com a inibição da germinação do micélio. Joly, (1964) relatou que os esporos de *Alternaria solani* produzidos num meio de cultura pobre são mais pequenos do que os de um meio rico. *Alternaria solani* exibe um estilo de vida necrotrófico, fitotoxinas como o ácido altemárico e o zinniol contribuem para a destruição dos tecidos pelo fungo (Maiero *et al.,* 1991).

As folhas das plantas de pimento têm um aumento da biossíntese de compostos fenólicos, incluindo o ácido clorogénico e os flavonóides, o que resulta numa maior resistência a *A. solani* (Flors *et al.,* 2003). As amidas do ácido hidroxicinâmico participam na resistência das plantas de uma forma dupla: podem atuar como agentes antimicrobianos diretos ou contribuir para a fortificação da parede celular, aumentando a rigidez e/ou diminuindo a digestibilidade da parede celular (Schmidt *et al.,* 1999, Roepenack-Lahaye *et al.,* 2003). A fuga de electrólitos celulares devido a danos na membrana celular acaba por conduzir à morte celular. Esta pode ser uma das causas da diminuição do número de células do organismo testado (Campbell, 1969). Estes efeitos adversos na largura do micélio e no tamanho dos conídios podem ser responsáveis pela diminuição do crescimento geral e da reprodução do fungo, bem como pela alteração da citomorfologia.

Assim, pode concluir-se que os extractos de plantas inibem natural e significativamente o tamanho dos conídios e o crescimento micelial, pelo que podem ser uma alternativa mais segura aos fungicidas químicos que são utilizados contra doenças das plantas, como o míldio da batateira causado por *Alternaria solani.*

Inserir Figura 5 e 6

CAPÍTULO 7

Cromatografia em coluna do extrato clorofórmico

Dissolveram-se 10 g de extrato clorofórmico seco e parcialmente purificado na respectiva fase móvel, ou seja, 50 ml de clorofórmio, 50 ml de acetato de etilo, 30 ml de etanol e 100 pl de ácido acético. A solução assim preparada foi submetida a cromatografia em coluna. Para a cromatografia em coluna, utilizou-se uma coluna de vidro (Merck: 120-240 mm) preenchida com 650 g de gel de sílica. Foram recolhidas diferentes fracções do extrato contendo diferentes metabolitos secundários de acordo com as bandas de cor desenvolvidas na coluna. Estas fracções foram secas num evaporador de vácuo rotativo sob pressão reduzida. As fracções secas foram analisadas quanto à sua atividade antifúngica. A fração que apresentou a melhor atividade antifúngica foi sujeita a uma purificação e caraterização adicionais da molécula ativa através de cromatografia gasosa e espetrometria de massa.

Oito fracções obtidas por cromatografia em coluna foram submetidas a cromatografia em camada fina.

Inserir Figura 7

TLC Impressão digital das fracções da coluna

A impressão digital TLC da fração clorofórmica da polpa do fruto foi realizada utilizando placas TLC de sílica gel 60 F254 (E-Merck) pré-revestidas de espessura uniforme (20 mm x 20 mm). Cortou-se uma placa de TLC com 10 cm de comprimento, que foi cuidadosamente marcada. 1 ml de extrato da planta foi colocado na placa marcada com a ajuda de um tubo capilar ou de uma pipeta. A impressão digital TLC foi derivatizada com reagente de ácido sulfúrico anisaldeído seguido de aquecimento a 100°C até aparecerem bandas coloridas de vários metabolitos secundários. As observações foram efectuadas antes e depois da derivatização, tanto no visível como nos raios UV. O valor Rf dos metabolitos secundários extraídos foi calculado da seguinte forma

$$, \text{rxt} = \frac{\text{Distância percorrida pela substância}}{\text{Distância percorrida pelo solvente}}$$

O TLC de cada fração mostrou a presença de mais do que uma banda. As bandas nas placas de TLC foram observadas antes e depois da derivatização sob luz UV a 360 nm. A cor das bandas alterou-se após a pulverização de anisaldeído nas placas de TLC.

Inserir Figura 8

Em diferentes valores de Rf, foram observadas bandas de várias cores, como amarelo escuro, amarelo claro, verde claro, verde escuro, cinzento claro, verde amarelo, castanho claro, castanho escuro e rosa claro, para TLC desenvolvido a partir de fracções de coluna da fração clorofórmica do extrato de polpa de fruta. Isto indica que esta fração contém um grupo de compostos. Os valores Rf das bandas TLC das fracções da coluna foram encontrados entre 0,60 e 0,97 cm (Tabela 3).

Inserir quadro 3

Ensaio da atividade antifúngica das fracções da coluna

A atividade antifúngica de várias fracções da coluna contra *Altemaria solani* foi realizada através da técnica Poison food (Grover e Moore, 1962). Dissolveram-se 100 mg de extrato em 10 ml de solvente (acetona) para preparar uma solução de reserva com uma concentração de lOmg/ml. Verteu-se 9 ml de meio PDA fundido em tubos de ensaio e depois autoclavou-se. O meio esterilizado fundido, juntamente com 1 ml de solução-mãe, foi vertido em placas de Petri. No conjunto de controlo, não foi utilizado qualquer extrato. Após a solidificação do meio, um disco de inóculo de 6 mm de uma cultura do fungo com 7 dias de idade foi inoculado assepticamente de cabeça para baixo no centro da placa de Petri e incubado a 27±2°C. O controlo da cultura e o controlo da acetona também foram mantidos juntamente com as amostras de teste. A atividade antifúngica foi medida em função do aumento do crescimento de um disco de 6 mm de inóculo.

O diâmetro médio das colónias de fungos foi medido no 7º dia de incubação e a percentagem de inibição do crescimento micelial foi calculada através da seguinte fórmula

Percentagem de inibição do crescimento micelial = gc-gt / gcx 100

Onde,

gc = Crescimento da colónia micelial após o período de incubação no conjunto de controlo, subtraindo o diâmetro do disco de inóculo.

gt = Crescimento da colónia micelial após o período de incubação no conjunto de tratamentos, subtraindo o diâmetro do disco de inóculo.

Todas as fracções da coluna mostraram uma atividade antifúngica significativa, mas a fração n.º 2 (FPF-2) mostrou uma inibição máxima (98,25%), seguida da fração n.º 1 (86,46%), da fração n.º 4 (83,41%) e da fração n.º 5 (62,45%). A percentagem de inibição do crescimento micelial observada com as fracções n.º 3, 6, 7 e 8 foi de 61,14%, 59,83%, 53,28% e 47,16%, respetivamente (Tabela 4). A fração FPF-2 da coluna mostrou uma inibição máxima contra *Alternaria solani.* Isto indica que provavelmente os componentes activos estão presentes nesta fração.

Inserir quadro 4

Inserir Figura 9

Identificação e determinação da estrutura por GC- MS (cromatografia gasosa/espetrometria de massa)

Para a identificação do composto antifúngico ativo da fração selecionada, foi efectuada uma análise GC MS num sistema GC (Perkin-Elmer) acoplado ao Perkin-Elmer Turbo Mass MS. Foi utilizada uma coluna capilar HP1-MS (30mx 0,25pm x0,25 pm) nas seguintes condições: temperatura do forno programada a partir de 70°C durante 10 min, depois aumentada gradualmente para 290°C durante 3 min; temperatura do injetor, 250°C, gás de transporte Hélio, caudal de 1 ml/min; o volume da amostra injectada foi de 1 pl; razão de divisão 1:60; energia de ionização 70eV: Tempo de execução 40 min. A quantidade percentual relativa de cada componente foi calculada comparando a área média do pico com as áreas totais. A identificação dos compostos separados foi obtida através dos índices de retenção e da espetrometria de massa, comparando os espectros de massa dos picos desconhecidos com os armazenados na biblioteca de espectros de massa NIST/EPA/NIH 2014.

Inserir Figura 10

A fração n.º 2 (FPF-2) apresentou a atividade mais significativa contra o fungo testado e foi submetida a uma análise GC MS para a separação e identificação do princípio ativo. O cromatograma obtido na análise GC MS é apresentado na Figura 10. Foram identificados três compostos, sendo que os compostos mais predominantes foram o ácido butanóico, 2-metil- (90,36%) no tempo de retenção 3,68, o penthiophane (2H-Thiopyran, tetrahydro) (6,16%) no tempo de retenção 2,80 e o Isopropylacetate (Acetic acid, 1-methylethyl ester) (3,48%) no tempo de retenção 2,04. A presença dos compostos foi confirmada após comparação com a biblioteca de espectros de massa NIST/EPA/NIH 2014. O espetro de massa dos compostos identificados é apresentado nas figuras 11 a 13.

Inserir Figura 11,12,13

As plantas possuem uma variedade de metabolitos secundários, tais como taninos, terpenóides, alcalóides, flavonóides, fenóis, esteróides, glicosídeos e óleos voláteis.

Estes compostos não estão necessariamente envolvidos no metabolismo essencial das células, mas são responsáveis pelas cores, sabor e fragrância da planta, desempenhando também um papel muito importante na defesa contra o ataque de insectos, herbívoros e microrganismos (Cowan, 1999; Fiori *et al.*, 2000; Ghosh *et al.*, 2002). Por conseguinte, é essencial identificar os constituintes fitoquímicos presentes nos extractos de plantas (Taylor *et al.*, 1996; Silva *et al.*, 1997; Tim Bachelder, 2004; Bahorun *et* a*l*.2005).

Os materiais vegetais frescos ou secos podem ser utilizados como fonte para a extração de componentes secundários das plantas. Muitos autores relataram a preparação de extractos de plantas a partir de tecidos vegetais frescos (Tiwari *et al.*, 2005). A lógica subjacente a este facto provém da utilização etnomedicinal de materiais vegetais frescos entre as populações tradicionais e tribais. No entanto, a maioria dos investigadores preferiu o material vegetal seco para a extração de metabolitos secundários de plantas (Duraipandiyan *et al.*, 2006; Verma *et al.*, 2010; Ghuman e Coopoosamy, 2011; Pachkore *et al.*, 2011) devido a alguns problemas associados à utilização de material vegetal fresco durante o rastreio antimicrobiano das plantas. O material seco pode ser utilizado para a extração em grande escala de metabolitos antimicrobianos, mas o material fresco não pode ser utilizado. Além disso, o tempo decorrido entre a recolha do material vegetal e a sua transformação dificulta o trabalho com material fresco, uma vez que as diferenças no teor de água podem afetar a solubilidade ou a separação subsequente por extração líquido-líquido. O material vegetal seco contém apenas componentes metabólicos secundários estáveis; por conseguinte, a utilização de material seco é preferida durante o rastreio antimicrobiano (Dilika *et al.*, 1996; Baris *et al.*, 2006).

Ellof (1998) referiu que os taninos, as saponinas, os polipéptidos e os açúcares redutores são solúveis em água, ao passo que os terpenóides, os flavonóides, os alcalóides e os ácidos gordos são solúveis em solventes orgânicos. Vários trabalhadores registaram resultados semelhantes (Scalbert, 1991; Mendoza *et al.*, 1997; Zhang e Lewis, 1997). Os taninos e os açúcares redutores são solúveis tanto em água como em solventes orgânicos, mas a sua solubilidade é maior em solventes orgânicos do que em água. Harbome (1984), Kokate *et al.* (1990) sugeriram que a extração de metabolitos secundários de material vegetal por extração a quente com éter de petróleo separa esteróis, ceras e ácidos gordos, deixando para trás um resíduo que contém os materiais vegetais desengordurados. Posteriormente, a extração deste resíduo com benzeno separa os esteróis e os flavonóides. Os terpenóides e os flavonóides são extraídos com clorofórmio. O último solvente, ou seja, o álcool, remove os alcalóides, os flavonóides, os polifenóis, os taninos e o açúcar redutor do resíduo. Finalmente, a extração com água produz os restantes metabolitos solúveis em água, tais como antocianina, amido, taninos, saponinas, açúcar redutor e polipéptidos (Scalbert, 1991; Zhang e Lewis, 1997). Todos os princípios activos presentes nas plantas são compostos orgânicos saturados, pelo que são extraídos em etanol ou metanol (Cowan, 1999).

Os flavonóides existem desde há mil milhões de anos e sobreviveram nas plantas vasculares ao longo da evolução, o que indica a sua importância na natureza. São compostos polifenólicos de baixo peso molecular, disponíveis em praticamente todas as plantas alimentares (Ren *et al.*, 2003). Representam um grupo alargado de derivados fenólicos solúveis em água, na sua maioria com cores vivas. Foram identificados mais de 4000 flavonóides estruturalmente únicos nas plantas. Foi comunicada a associação entre flavonóides vegetais e várias espécies animais e uma vasta gama de actividades biológicas dos flavonóides (Ebadi, 2002). Sabe-se que os flavonóides são sintetizados pelas plantas em resposta à infeção microbiana e que a sua atividade inibidora se deve à formação de complexos com proteínas extracelulares e solúveis e com a parede celular bacteriana e à rutura das membranas microbianas (Tim Batchelder, 2004). Os polifenóis, os ácidos fenólicos e os flavonóides são poderosos antioxidantes e têm demonstrado acções antibacterianas, antivirais, anticarcinogénicas, anti-inflamatórias e vasodilatadoras (Mattila e Hellstrom, 2007; Galeotti *et al.*, 2008; Shabir *et al.*, 2011).

Os fenóis e o grupo de compostos polifenóis consistem em milhares de moléculas diversas com uma estrutura heterogénea e a caraterística comum de terem um ou mais anéis fenólicos. São sintetizados nas plantas através da via do ácido chiquímico. O local e o número de grupos hidroxilo no anel fenólico estão relacionados com a sua toxicidade para os microrganismos, pelo que o aumento da hidroxilação resulta num aumento da toxicidade (Geissman, 1963). Vários trabalhadores referiram que os compostos fenólicos, como o ácido cafeico, o ácido cinâmico, o catecol, o pirogalol, o eugenol, as cumarinas, etc., apresentam atividade antimicrobiana contra vírus, bactérias e fungos (Taguri *et al.*, 2004; Galeotti *et al.*, 2008).

Os alcalóides são compostos heterocíclicos de azoto sintetizados por descarboxilação de aminoácidos. Os alcalóides de Cinchona presentes na casca de *Cinchona* sp. têm como principal constituinte a quinina, conhecida desde 1630 pela sua atividade antimalárica. Os alcalóides diterpenóides isolados da família *Ranunculaceae* têm geralmente propriedades antimicrobianas (Omulokoli *et al.*, 1997).

O tanino refere-se a substâncias fenólicas poliméricas capazes de curtir o couro ou de precipitar a gelatina a partir de uma solução, o que se designa por adstringência. Os taninos dividem-se em dois grupos: taninos hidrolisáveis e taninos condensados. Os taninos condensados, geralmente designados por proantocianidinas, são derivados de monómeros flavonóides (Tim Bachelder, 2004). O seu peso molecular varia entre 500 e 3000 (Haslam, 1996) e encontram-se em quase todas as partes das plantas: casca, madeira, folhas, frutos e raízes (Scalbert, 1991). Os taninos actuam através da estimulação das células fagocíticas, da atividade tumoral mediada pelo hospedeiro e de uma série de acções anti-infecciosas, bem como da capacidade de formar complexos com proteínas (Haslam, 1996). O seu modo de ação antimicrobiana pode estar relacionado com a sua capacidade de inativar as adesões microbianas, as enzimas, o invólucro celular, as proteínas de transporte, etc. Scalbert (1991) relatou as propriedades antimicrobianas dos taninos. De acordo com os seus estudos, os taninos podem ser tóxicos para fungos filamentosos, leveduras e bactérias. Foi referido que os taninos condensados se ligam às paredes celulares das bactérias ruminais, impedindo o seu crescimento e a atividade das proteases (Jones *et al.*, 1994). Vários trabalhadores referiram a atividade antimicrobiana dos taninos (Hori *et al.*, 2006; Reddy *et al.*, 2007).

As saponinas são glicosídeos de superfície activos que ocorrem naturalmente. São produzidas principalmente por plantas, mas sabe-se que os animais marinhos inferiores e algumas bactérias também produzem estes compostos (Riguera, 1997; Yoshiki *et al.*, 1998). As saponinas são constituídas por uma parte açucarada que contém geralmente glucose, galactose, ácido glucurónico, xilose, ramnose ou metilpentose, ligada glicosidicamente a uma aglicona hidrofóbica (sapogenina) que pode ser de natureza triterpenóide. Um grande número de efeitos biológicos das saponinas foi atribuído à sua ação sobre as membranas. De facto, a sua capacidade específica de formar poros nas membranas contribuiu para a sua utilização comum na investigação fisiológica (El Izzi *et al.*, 1992; Plock *et al.*, 2001). As saponinas foram descritas pelo seu potencial hipocolesterolémico (Potter *et al.*, 1993; Matsuura, 2001), atividade anticarcinogénica (Mimaki *et al.*, 1998; Podolak *et al.*, 1998), potencial antifúngico (Delmas *et al.*, 2000; Wang *et al.*, 2000), potencial antiviral e antiprotozoário (Newbold *et al.*, 1997; Apers *et al.*, 2000).

Cowan, 1999, sugeriu que todos os compostos antimicrobianos presentes nas plantas são compostos aromáticos e podem ser facilmente extraídos por extração inicial com etanol ou metanol. O rastreio primário da atividade antifúngica das plantas é geralmente efectuado com um extrato aquoso bruto ou um extrato alcoólico - seguido de várias fracções feitas em diferentes solventes. O extrato bruto é uma mistura de todos os metabolitos secundários presentes na planta. Estes metabolitos secundários podem ser isolados em vários solventes, com base na sua polaridade. O rastreio primário das plantas é geralmente efectuado com extractos 100% alcoólicos, 50% alcoólicos e 100% aquosos. É posteriormente dividido em diferentes fracções por extração sucessiva com vários solventes orgânicos.

Existem várias razões importantes para preparar fracções parcialmente purificadas. Em primeiro lugar, o potencial antimicrobiano do extrato da planta não é completamente estabelecido pelo extrato bruto. Em segundo lugar, o isolamento do princípio ativo da fração parcialmente purificada é muito mais fácil do que o extrato bruto. Eloff (1998) sugeriu que o ensaio da atividade antimicrobiana das fracções indica qual o grupo de compostos responsável pela atividade. Assim, o potencial antimicrobiano de cada fração e a seleção da fração mais ativa é o primeiro passo para a identificação e separação do princípio ativo. A fração que apresenta a atividade inibitória máxima é considerada a fração mais ativa (Jayaraman *et* al., 2008; Maya e Thippanna, 2013).

Janaki e Vijayshekaran (1998) relataram o efeito antifúngico de vários extractos alcoólicos de *Aglaia roxburghiana.* Fatima *et al.*, (2000) demonstraram a atividade antimicrobiana de extractos 100% metanol, 50% metanol e 100% aquosos. Natarajan *et al.*, (2003) estudaram o efeito antifúngico de extractos *de Azadirachta indica* preparados pelo método de extração a frio.
Ramanathan *et al.*, (2004) demonstraram a toxicidade para os fungos dos extractos de água fria e quente. A atividade antimicrobiana do extrato bruto e parcialmente purificado de plantas foi avaliada por vários trabalhadores (Gnanaguru e Sahadevan, 2000; Natrajan *et al.*, 2003; Phongpaichit *et al.*, 2004; Duraipandiyan *et al*, 2006; Harlapur *et al.*,2007; Fawzi, *et al.,2009;* Shanmugavalli *et al.*, 2009; Pawar, 2011; Shabir *et al.*, 2011; Rosa *et al.*, 2012; Maya e Thippanna, 2013; Al Akeel *et al.*, 2014; Hada e Sharma, 2015; Mishra *et al.*, 2017).

O potencial antimicrobiano do extrato bruto de *Moringa oleifera wdAllamanda cathartica* contra múltiplos agentes patogénicos clínicos resistentes a medicamentos foi estudado por Rajamanickam e Sudha (2013). Al Akeel *et al.*, (2014) observaram a atividade antibacteriana de extractos de proteínas brutas de sementes de seis plantas medicinais diferentes *(Foeniculum vulgare, Cucumis sativus, Ammi majus, Allium ascolinicum, Cichorium intybus, Rumex vesicarius)* contra estirpes bacterianas padrão. Otto *et al.*, (2014) estudaram a atividade antibacteriana de extractos de folhas e raízes de *Cassia alata* contra *Neisseria gonorrhea.* Mishra *et al.*, (2017) comunicaram a atividade antibacteriana *in vitro* de extractos brutos de nove plantas com flores tropicais *(Anogeissus acuminata, Azadirachta indica, Bauhinia variegata, Boerhaavia diffusa, Punica granatum, Soymida febrifuga, Terminalia chebula, Tinospora cordifolia e Tribulus terrestris}* contra bactérias MDR causadoras de ITU.

Ayandele e Ababeyi (2007) investigaram a fitoquímica e a atividade antimicrobiana de extractos aquosos e etanólicos brutos do caule *de Olax subscorpioidea* contra algumas estirpes de fungos e bactérias. Bobbarala *et al.* (2009) comunicaram a atividade antifúngica de algumas plantas medicinais contra fungos fitopatogénicos *Aspergillus niger.* Jayaraman *et al.* (2008) estudaram a atividade antimicrobiana do acetato de etilo, da acetona, do clorofórmio e do extrato aquoso de folhas de *Stevia rebaudiana* contra *Staphylococcus aureus, Salmonella typhi, Escherichia coli, Bacillus subtilis, Aeromonas hydrophila, Vibrio cholerae* e espécies de *Candida albicans, Cryptococcus neoformans, Trichophyton mentagrophytes e Epidermophyton.* Goyal *et al.* (2011) relataram a atividade antibacteriana do metanol, etanol, acetato de etilo e extrato aquoso de folhas de *Ocimum sanctum* contra *Staphylococcus aureus, Bacillus subtilis* e *Escherichia coli.*

Nguyen *et al.* (2009) estudaram o potencial antimicrobiano do extrato de canela contra *R. solani.* Ashraf *et al.* (2011) relataram a atividade antimicrobiana de metanol, clorofórmio e extractos aquosos de *Origanum vulgare* contra nove estirpes bacterianas gram-negativas e gram-positivas diferentes e três manchas fúngicas. Nikolajeva *et al.* (2012) comunicaram a atividade antimicrobiana de extractos aquosos e etanólicos de onze espécies de *Bryophyta* e nove espécies de *Marchantiophyta* recolhidas na Letónia contra *Staphylococcus aureus, Escherichia coli* e *Bacillus cereus.*

O rastreio da sensibilidade antimicrobiana *in vitro* contra microrganismos patogénicos é geralmente efectuado através do método de difusão em ágar, da técnica de alimentos envenenados e do método de difusão em disco (Prescott *et al.*, 1993; Das *et al.*, 2010). Geralmente, a atividade antifúngica é determinada pela técnica do alimento envenenado (Grover e Moore, 1962; Mishra e Tiwari, 1992; Nene e Thapliyal, 2000). Vários trabalhadores estudaram a sensibilidade de micróbios contra extractos de plantas através da técnica de alimentos venenosos (Kumar *et al.*, 2006; Tripathi e Kumar, 2007; Tripathi *et al.*, 2008; Pattnaik *et al.*, 2012; Mehta e Sharma; 2013, Parveen e Sharma, 2014; Hada e Sharma, 2015). Este método mede a percentagem de inibição dos micróbios testados. A atividade do extrato é sempre comparada com a do controlo.

A eficácia de um agente antimicrobiano pode ser avaliada através da determinação da sua concentração inibitória mínima (CIM) contra o microrganismo. A CIM pode ser definida como a concentração mais baixa de um agente antimicrobiano que impede o crescimento de um determinado agente patogénico. A MFC ou concentração cida de um agente antimicrobiano é a concentração que mata o agente patogénico. O agente estático apenas inibe o agente patogénico e pode tornar-se cida a concentrações muito mais elevadas. A CIM e a MFC de vários extractos de plantas foram estudadas por vários trabalhadores (Joseph *et al.*, 2005; Sanchez *et al.*, 2005; Kumar *et al.*, 2007; Jabeen *et al.*, 2013; Hada e Sharma, 2015). O efeito fungistático e fungicida dos extractos aquoso e etanólico, bem como do pó de sementes e folhas de *Pithecellobium dulce*, foi avaliado contra *Botrytris cineria, Penicillium digitatum,*

Rhizopus stolonifer (Banos *et al.*, 2003).

Os remédios à base de plantas e os medicamentos alternativos são utilizados em todo o mundo e, no passado, as ervas representavam frequentemente as fontes originais da maioria dos medicamentos (Cooper, 2005). Os resultados mostraram uma inibição do crescimento fúngico dependente da concentração do extrato da planta, que pode ser devida ao aumento da concentração

de metabolitos secundários/componentes activos ao aumentar a concentração. Tsai *et al.* (1999) sugerem que alguns pigmentos fúngicos são produtos naturais e estão associados ao desenvolvimento de estruturas reprodutivas. Do mesmo modo, o pigmento castanho escuro denominado melanina é formado pela polimerização oxidativa de compostos fenólicos e sintetizado durante a formação de esporos. Alcalóides como a solanina e a chaconina são discutidos como factores de resistência da batata contra *Altemaria solani* (Sinden *et al.*, 1972).

Versha *et al.* (2003) referiram que várias fracções, ou seja, éter de petróleo, clorofórmio, acetato de etilo e metanol do pó de folhas de *Alstonia scholaris*, apresentam uma atividade antimicrobiana significativa contra os agentes patogénicos testados e a atividade antifúngica mais forte contra A *niger* e *A.flavus* foi observada com a fração de clorofórmio. A atividade antifúngica dos extractos de éter de petróleo, clorofórmio, acetona e etanol de *Calendula officinalis* contra *A. fumigatus, Rhizopus japonicum, C. albicans, C. tropicalis*, etc. foi investigada por Kasiram *et al.*, 2000. Rao *et al.* (2006) referiram que os extractos alcoólicos de algumas plantas medicinais apresentaram uma atividade antifúngica mais significativa em comparação com outros extractos preparados em diferentes solventes. A presença de glicosídeos de antraquinona, senósidos A e B, reína e o seu glucósido, barbaloína, aloína, ácido fórmico, ácido butírico e os seus ésteres etílicos e ácido oxálico, pectina e tanino na polpa do fruto de *Cassia fistula* foi referida por Agarwal e Paridhavi, 2005.

Lee (2006) isolou os compostos voláteis de *Acorus gramineus* utilizando cromatografia em gel de sílica e verificou-se que estes eram eficazes contra fungos fitopatogénicos. Os taninos são considerados tóxicos para fungos filamentosos, bactérias e vírus (Scalbert *et al.*, 1991). O extrato de metanol e hexano de *Punica granatum* mostrou uma vasta gama de atividade antimicrobiana devido ao tanino (Duraipandiyan *et al.*, 2006). O efeito fungicida de alguns óleos essenciais contra *Altemaria solani* foi relatado por El-Mougy, 2009. Jabeen (2013) comunicou a atividade antifúngica de *Azadirachta indica* L. contra *Altemaria solani.*

A atividade antimicrobiana dos metabolitos secundários presentes nas plantas é específica da espécie e depende provavelmente da presença de receptores específicos no agente patogénico (Bisignano *et al.*, 1999). Isto sugere que estão presentes na planta mais do que um composto ativo que diferem no seu modo de ação (Satya *et al.*, 2005). A presença de diferentes compostos em diferentes quantidades em várias fracções depende da sua eficiência de solubilidade em diferentes solventes e, por conseguinte, a atividade antimicrobiana de diferentes fracções da mesma parte da planta varia contra os agentes patogénicos testados (Ragasa *et al.*, 2005).

As plantas possuem uma variedade de defesas antimicrobianas que vão desde pequenas moléculas a proteínas. Devido à sua natureza antimicrobiana, os metabolitos secundários das plantas representam uma enorme fonte de vários medicamentos (Cowan, 1999). Todas as moléculas antimicrobianas das plantas são compostos orgânicos aromáticos ou saturados (Fiori *et al.*, 2000; Ghosh *et al.*, 2002). Estas moléculas antimicrobianas são mais frequentemente obtidas por extração com álcool (Taylor *et al.*, 1996; Silva *et al.*, 1997). O álcool é um solvente universal para todos os tipos de compostos polares, mas todos os metabolitos secundários apresentam uma solubilidade preferencial em diferentes solventes. Por conseguinte, a fim de isolar o composto ou compostos activos, é necessário preparar extractos em diferentes solventes, desde os não polares aos polares, e analisar cada um deles em termos de atividade antimicrobiana. Isto dá uma ideia da identidade do grupo ativo de compostos.

Harbome (1984), Kokate *et al.* (1990) e Cowan (1999) sugeriram que a extração sucessiva de metabolitos secundários de plantas deve ser feita em éter de petróleo, seguido de benzeno, clorofórmio, acetona, álcool e, finalmente, água. A extração de metabolitos secundários de material vegetal por extração a quente com éter de petróleo separa os ácidos gordos, as ceras e os esteróis, deixando para trás um resíduo que contém os materiais vegetais desengordurados. A extração subsequente deste resíduo com benzeno separa os esteróis e os flavonóides. Os terpenóides e os flavonóides são extraídos com clorofórmio. O último solvente, ou seja, o álcool, remove alcalóides, flavonóides, polifenóis, taninos e açúcar redutor do resíduo. Finalmente, a extração com água produz os restantes metabolitos solúveis em água, tais como antocianina, amido, taninos, saponinas, açúcar redutor e polipéptidos (Zhang e Lewis, 1997; Scalbert, 1991).

A atividade antimicrobiana de terpenóides, saponinas, flavonóides, taninos, etc. foi relatada por vários trabalhadores (Hada *et al.*, 2003; Solis *et al.*, 2004; Okore *et al.*, 2007; Ayandele e Adebiyi, 2007). Ragasa *et al.* (2005)

isolaram terpenóides antimicrobianos de *Pterocarpus indicus.* Os terpenos inibem os microrganismos enfraquecendo o tecido membranoso, o que resulta na dissolução da parede celular dos microrganismos para que possam ser eliminados de forma mais eficiente (Bisignano *et al.*, 1999). Du *et al.* (2003) isolaram duas novas saponinas terpénicas do extrato etanólico da parte aérea de *Clematis tangutica* e comunicaram a sua atividade antifúngica significativa contra *Saccharomyces cerevisiae.* Satya *et al.* (2005) sugeriram que a atividade antifúngica do extrato de folhas de Zimmu se deve à presença de compostos fenólicos.

Uma maior separação e caraterização do princípio ativo das fracções da coluna de *C. fistula* utilizando a análise GC-MS revela a presença de ácido butanóico, 2-metil-, penthiophane (2H-Thiopyran, tetrahydro) e isopropilacetato (ácido acético, éster 1-metiletil). A atividade antifúngica do ácido butanóico, 2-metil- e do penthiophane (2H-Thiopyran, tetrahydro) já foi relatada (Singh *et al.*, 2003; Mickeviciene *et al.*, 2015). No entanto, o acetato de isopropilo (ácido acético, éster de 1-metiletilo) ainda não foi objeto de um relatório sobre a atividade antimicrobiana na literatura. A presença destes compostos em extractos de polpa de frutos de *C. fistula* foi também apoiada por Anitha e Miruthula, (2014). Assim, o presente estudo trata da preparação do extrato, do fracionamento e da caraterização de compostos antimicrobianos activos da polpa do fruto de *Cassia fistula.*

Pode concluir-se pelas observações que o tratamento com o extrato clorofórmico de *Cassia fistula* conduz à inibição da conidiação, do crescimento micelial e das alterações morfológicas no conidióforo, sendo assim responsável pela conversão da forma patogénica do fungo testado em forma não patogénica. A separação e a identificação dos compostos activos foram efectuadas por cromatografia em coluna (CC) e GC-MS. Foram obtidos três compostos na análise por GC-MS. Estes compostos são responsáveis pela atividade antimicrobiana da polpa do fruto de *Cassia fistula.* Estudos futuros incluirão a incorporação de compostos activos em RMN e IR para caraterização molecular e subsequente processo de conceção de medicamentos.

CAPÍTULO 8

Referências

- **Abubacker MN, Ramanathan R, e Kumar TS.** Atividade antifúngica *in vitro* do extrato de flores *de Cassia alata* Linn. Extrato de flor. *Nat Prod Radian* 7: 6-9, 2008.
- **Abyaneh MR, Allameh A, Tiraihi T, Ghahfarokhi MS, e Ghorbanian M.** Alterações morfológicas em *Aspergillus parasiticus* toxigénico exposto a extractos aquosos de folhas e sementes de nim *(Azadirachta indica)*. *Mycopathologia* 159: 565-570, 2005.
- **Acevedo LR e Garcia MS.** Atividade antifúngica do extrato proteico das sementes de *Amaranthus hypochondriacus*. *JMexi Chern Soc* 51: 136-140, 2007.
- **Agarwal SS e Paridhavi M.** Clinically useful herbal drugs, Ahuja Publishing House, p. 281-282, 2005.
- **Ahumuja T e Kirimuhuzya C.** Análise qualitativa (fitoquímica) e atividade antifúngica de *Pentas decora* (De wild), uma planta utilizada tradicionalmente para tratar infecções fúngicas da pele no oeste do Uganda. *Res Pharm Biotech* 3: 75-84, 2011.
- **Akinpelu DA e Onakoya TM.** Antimicrobial activity of medicinal plants used in folk lore remedies in South-Western (Atividade antimicrobiana de plantas medicinais utilizadas em remédios populares no Sudoeste). *Afr J Biotechnol* 5: 1078-1081, 2006.
- **Al Akeel R, Al-Sheikh Y, Mateen A, Syed R, J an ar dhan K, e Gupta VC.** Avaliação da atividade antibacteriana de extractos de proteínas brutas de sementes de seis plantas medicinais diferentes contra estirpes bacterianas padrão. *Saudi J Biol Sci2* 147-151,2014.
- **Alexopolous CJ e Mims CS.** Introductory Mycology (3ª ed.), Wiley Eastern Limited, Nova Deli, 1993, p. 24-25.
- **Alhussaen MK.** Caracterização morfológica e fisiológica de *Alternaria solani* isolada de tomate no vale do Jordão. *Res J Biol Sci* 7: 316-319, 2012.
- **Andreu A, Oliva C, Distel S, e Daleo G.** Produção de fitoalexinas, glicoalcalóides e fenólicos em folhas e tubérculos de cultivares de batata com diferentes graus de resistência no campo após infeção com *Phytophthora infestans. Potato Res* 44, 1-9, 2001.
- **Anitha J. e Miruthula S.** Análise anti-inflamatória e fitoquímica de *Cassia fistula* Linn, extractos de polpa de fruta. *Int J Pharmacogn* 1: 207- 215,2014.
- **Apers S, Baronikova S, Sindambiwe JB, Witvrouw M, De CE, Vanden BD, Van ME, Vlietinck A, e Pieters L.** Antiviral, haemolytic and molluscicidal

activities of triterpenoid saponins from *Maesa lanceolata'.* establishment of structure-activity relationships. *Planta Med* 67: 528-532, 2000.

- **Arunkumar S e Muthuselvam M.** Análise dos constituintes fitoquímicos e actividades antimicrobianas de *Aloe vera* L. contra agentes patogénicos clínicos. *Worldj Agric Sci* 5: 572-576, 2009.
- **Ashraf Z, Muhammad A, Imran M e Tareq A H.** Atividade antibacteriana e antifúngica *in vitro* do metanol, clorofórmio e extractos aquosos de *Origanum vulgare* e sua análise comparativa. *Int JOrgChem* 1:257-261,2011.
- **Audipudi AV e Chakicherla BVS.** Antioxidative and antimicrobial activity of methanol and chloroform extracts of *Gmelina arborea* Roxb. *Int J Biotechnol Biochem* 6: 139-144, 2010.
- **Ayandele AA e Abebiyi AO.** A análise fitoquímica e o rastreio antimicrobiano de extractos de *Olax subscorpioidea. Ajr J Biotechnol,* 6: 868-870, 2007.
- **Bahorun T, Neergheen SV, e Aruoma IO.** Phytochemical constituents of *Cassia fistula. Afr J Biotechnol* 13: 1530-1540, 2005.
- **Balakrishnan BR, Sangameswaran B, Arul B, e Bhaskar VH.** Atividade antibacteriana de extractos de partes aéreas de *Achyranthes bidentata* Blume. *IndJPharm Sci* 186-188, 2003.
- **Ballal M, Srujan D, Bhatt KK, Shirverkar A, e Shivanand PG.** Antibacterial activity of Holarrhena antidysentrica (Kurchi) against the enteric pathogens. *Ind J Pharmacol* 37: 392-393, 2001.
- **Banos SB e Lopez MH.** Inibição do crescimento de fungos selecionados por quitosano e extractos de plantas. *Revista Mexicana de Fitopatologia* 22: 178-186, 2004.
- **Banos SB, Dominguez EG, Necha LLB, Chilpa RR, e Wilson CL.** Avaliação sazonal das actividades fungicidas pós-colheita de pós e extractos de huamuchil *(Pithecellobium dulce)',* ação contra *Botrytris cinerea, Penicillium digitatum* e *Rhizopus stolonifer* de frutos de morango. *Postharvest Biol Technol* 29: 81-92, 2003.
- **Baris O, Gulluce M, Sahin F, Ozer H, Kilic H, Ozkan H, Sokmen M, e Ozbek T.** Actividades biológicas do óleo essencial e do extrato metanólico de *Achillea Biebersteinii* Afan. (Asteraceae). *Turk J Biol* 30: 65-73, 2006.
- **Beauvais A, Maubon D, Park S, Morelle W, Tanguy M, e Huerre M.** Duas alfa (1-3) glucan sintases com funções diferentes em *Aspergillus fumigatus. Appl Environ Microbiol* 71 1531-1538, 2005.
- **Bektas Yand Eulgem T.** Elicitores sintéticos de defesa das plantas. *Plant Physiol* 5: 804, 2015.
- **Berdicevsky I, Duek L, Neeman I, e Maoz M.** Antimycotic activity of tayunin-

fwaZa *viscose* extract-SEM observations. *41ª Conferência Intercientífica sobre Agentes Antimicrobianos e Quimioterapia,* Chicago, IL, EUA, 2001, p. 16-19.

- **Bhagwat MK e Datar AG.** Atividade antifúngica de extractos de ervas contra fungos patogénicos de plantas. *Arch Phytopathol Plant Prot* 2013.
- **Bhalerao SA e Kelkar TS.** Usos medicinais tradicionais, perfil fitoquímico e actividades farmacológicas de *Cassia fistula* Linn. *Int Res J Biol Sci\:* 79-84, 2012.
- **Bhalodia NR e Shukla VJ.** Actividades antibacterianas e antifúngicas de extractos de folhas de *Cassia* fistula, uma planta etnomedicinal. *J Adv Pharm Technol Res* 2: 104-109,2011.
- **Bhalodia NR, Nariya PB, Acharya RN e Shukla VJ.** Actividades antibacterianas e antifúngicas *in vitro* de *Cassia fistula* Linn, extractos de polpa de fruta. *Ayu* 33: 123-129, 2012.
- **Bianchi A, Zambonelli A, Aulerio D e Bellesia F.** Ultrastructural studies of the effects of *Allium sativum* on pathogenic fungi *In vitro. Plant Dis SV.* 1241-1246, 1997.
- **Bisignano G, Tomaino A, Lo Cascio R, Crisafi G, Uccella N, e Sajja A.** On the in vitro antimicrobial activity of oleuropein and hydroxytyrosol. *J Pharm Pharmacol* 51: 1971-1974, 1999.
- **Bobbarala V, Katikala P, Chandrasekhar K e Penumajji S.** Antifungal activity of selected plant extracts against phytopathogenic fungi *Aspergillus niger* F2723. *Indian JSci Technol* 2: 81-90, 2009.
- **Bohlin L e Bruhn JG.** Bioassay methods in natural product research and drug development. Actas da Sociedade Fitoquímica da Europa, vol. 43. *Kluwer Academic, Dordrecht,* (Eds.), 1999.
- **Boiteux LS, Reifschneider FJB, Fonseca ME, e Buso JA.** Procura de fontes de resistência de campo ao míldio *(Alternaria solani)* não associadas à maturidade vegetativa tardia em germoplasma de batata tetrapioide. *Eup- hytica* 83, 63-70, 1995.
- **Bokshi AI, Morris SC, e Deverall BJ.** Effects of benzothiadiazole and acetylsalicylic acid on 0-1,3-glucanase activity and disease resistance in potato. *Plant Pathol* 52: 22- 27, 2003.
- **Jarro do Bon GHS.** Avaliação das propriedades antibacterianas de plantas medicinais iranianas contra *Micrococcus luteus, Serratia marcescens, Klebsiella pneumoniae* e *Bordetella bronchoseptica. Asian J Pl Sci* 3: 82-86, 2004.
- **Broekaert WF, Cammue PA, De Bolle M, Thevissen K, Samblanx G, e Osborn R.** Antimicrobial peptides from plants. *Critical Reviews Plant Sci\6* 297-323, 1997.
- **Brul S e Coote P.** Preservative agents in foods mode of action and microbial resistance mechanisms. *Int J Foo d Microbiol* 50: 1-17, 1999.

- **Buwa LV e Staden JV.** Antibacterial and Antifungal activity of traditional medicinal plants used against veneral diseases in South Africa (Atividade antibacteriana e antifúngica de plantas medicinais tradicionais utilizadas contra doenças gerais na África do Sul). *J Ethenopharmacol* 103: 1333-1338, 2006.
- **Campbell R.** An Electron Microscope Study of Spore Structure and Development in *Alternaria brassicicola. J Microbiol gen* 54: 381-392, 1969.
- **Cao KQ e Forrer HR.** Situação atual e prosperidade do controlo biológico do míldio da batata *(Phytophthora infestans). J Agric Uni Hebei* 24: 51-58, 2001b.
- **Cavaleiro C, Pinto C, Goncalves MJ, e Salguiro.** Atividade antifúngica do óleo essencial *de Juniperus* contra estirpes de dermatófitos, *Aspergillus* e *Candida. JAppl Microbiol* 100: 1333-1338, 2006.
- **Chaerani R e Voorrips RE.** Tomato early blight *{Alternaria solani\\.* the pathogen, genetics, and breeding for resistance. *J Gen Plant Pathol* 72: 335- 347, 2006.
- **Chaudhary G, Goyal S, e Poonia P.** *Lawsonia inermis* Linnaeus: Uma revisão fitofarmacológica. *Int J Pharma Sci & Drug Res* 2: 91-98, 2010.
- **Choulwar AB, Datar W, e Kurundkar BD.** Eficácia dos tóxicos para fungos no crescimento micelial de *A. solani. Pestol* 13: 17-19, 1989.
- **Coelho de Souza G, Has APS, Von Poser GL, Schapoval EES, and Elisabetski E.** Estudos etnofarmacológicos de remédios antimicrobianos no sul do Brasil. *JEthnopharmacol* 90: 135-148, 2004.
- **Collee FG, Miles RS, e Watt B.** Teste para identificação de bactérias. *In: Mackie and McCartney Practical Medical Microbiology.* Singapura: Longman Singapore publishers Ltd. 1996, p. 131-150.
- **Cook EF e Martin EW.** Remington's Practice of Pharmacy. Easton, PA: The Mack Publishing Company, 1951.
- **Cooper EL.** CAM, eCAM, bioprospecção: a pirâmide do século XXI. *Evid Based Complement Altem Med* 2: 125 - 127, 2005.
- **Cowan MM.** Produtos vegetais como agentes antimicrobianos. *Clin Microbiol Rev* 12 : 564-582, 1999.
- **Curtis H, Noll U, Stdrmann J, e Slusarenko AJ.** Broad-spectrum activity of the volatile phytoanticipin allicin in extracts of garlic *{Allium sativum* L.) against plant pathogenic bacteria, fungi and Oomycetes. *Physiol Mol Plant Pathol* 65: 79-89, 2004.
- **Dahanukar SA, Kulkarni RA, e Rege NN.** Pharmacology of meditional plants and natural products (Farmacologia de plantas medicinais e produtos naturais). *Indian J Pharmacol* 32: S81-118, 2000.
- **Danish M, Singh P, Mishra G, Srivastava S, Jha KK e Khosa RL.** *Cassia fistula* Linn. (Amulthus)- Uma importante planta medicinal: A Review of Its

Traditional Uses, Phytochemistry and Pharmacological Properties, *J Nat Prod Plant Resour* 1: 101-118, 2011.

- **Das K, Tiwari RKS, e Shrivastava DK.** Técnicas de avaliação de produtos de plantas medicinais como agentes antimicrobianos: métodos actuais e tendências futuras. *JMedi Pl Res* 4: 104-111, 2010.
- **Delmas F, Di Giorgio C, Elias R, Gasquet M, Azas N, Mshvildadze V, Dekanosidze G, Kemertelidze E, e Timon-David P.** Antileishmanial activity of three saponins isolated from ivy, alpha-hederin, beta-hederin and hederacolchiside A(1), as compared with their action on mammalian cells cultured *in vitro. Planta Med* 66: 343-347, 2000.
- **Dilika F, Afolayan AJ, e Meyer JJM.** Atividade antibacteriana comparativa de duas espécies de *Helichrysum* utilizadas na circuncisão masculina na África do Sul. *S Afr JBot&r.* 158-159, 1996.
- **Du Z, Zhu N, Ze-Ren-Wang-Mu N, e Shen Y.** Duas novas saponinas antifúngicas da medicina herbácea tibbatiyan *Clematis tangutica. Planta Medica* 69: 547-551, 2003.
- **Dube HC.** Classe Hyphomycetes. In: *Fungi.* Vikas Publishing House Pvt. Ltd. New Delhi. 1990, p. 412 - 423.
- **Duraipandiyan V, Ayyanar M, and Ignacimuthu S.** Antimicrobial activity of some ethnomedicinal plants used by paliyar tribe from Tamil nadu India. *BMC Complement Altern Med* 6: 35-41, 2006.
- **Ebadi M.** In: Pharmacadynamic basis of herbal medicine. M. Ebadi (ed.), *CRC Press, Nova Iorque,* 2002, p. 393-403.
- **El Izzi A, Benie T, Thieulant ML, Le Men-Oliver L, e Duval J.** Stimulation of LH release from cultured pituitary cells by saponins of Petersianthus macrocarpus: a permeabilising effect. *Planta Med* 58: 229- 233, 1992.
- **Ellis MB e Gibson IAS.** CMI *Descr Pathog Fungi Bact* 475, 1975.
- **El-Mougy NS.** Efeito de alguns óleos essenciais para limitar o desenvolvimento do míldio *(Altemaria solani)* no campo da batata. *J Plant Prot Res* 49: 57- 62, 2009.
- **Eloff JN.** Que extrato deve ser utilizado para o rastreio e isolamento de compostos antimicrobianos de plantas. *JEthnopharmacol* 60: 1-8, 1998.
- **Escalada MG, Harwood JL, Maillard JY, e Ochs D.** Inibição da síntese de ácidos gordos pelo triclosan e o seu efeito no crescimento de *Escherichia coli* e *Pseudomonas aeruginosa. JAntimicrob Chemother* 55: 879-882, 2005.
- **Fakim AG.** Plantas medicinais: Tradições de ontem e medicamentos de amanhã. *Mol Aspects Med* 27: 1-93, 2006.
- **Farag RS, Daw ZY, e Abo-Raya SH.** Influência de alguns óleos essenciais de especiarias no crescimento de *Aspergillus parasiticus* e na produção de aflatoxinas num meio sintético. *J Food Sci* 54: 74-76, 1989.

- **Farrag ESH, Moharam MHA, e Ziedan EH.** Efeito de extractos de plantas no potencial morfológico e patológico de fungos transmitidos por sementes em sementes de pepino. *IntJAgric technol* 9: 141-149, 2013.
- **Fatima S, Farooqi AHA, Kumar R, Kumar TRS, e Khanuja SPS.** Atividade antimicrobiana das plantas medicinais utilizadas em pós dentários. J *MedArom Pl Sci* 22: 187-189, 2000.
- **Fawzi EM, Khalil AA, e Afifi AF.** Efeito antifúngico de alguns extractos de plantas em *Altemaria alternata* e *Fusarium oxysporum. Afr JBiotechnol* 8: 2590-2597, 2009.
- **Fiori ACG, Schwan-Astrada KRF, Strangarlin JR, Vida JB, Scapim C A, Cruz MES, e Pascholati SF.** Atividade antifúngica de extratos de folhas e óleos essenciais de algumas plantas medicinais contra *Didymella bryoniae. J Phytopathol* 148: 483-487, 2000.
- **Firon A, Beauvais A, Latge JP, Couve E, Grosjean-Cournoyer MC e D'enfert C.** Caracterização de genes essenciais por genética parassexual no fungo patogénico humano *Aspergillus fumigatus* impacto de rearranjos genómicos associados à electroporação de ADN. *Genetics* 161: 1077-1087, 2002.
- **Flors V, Miralles C, Gonzalez-Bosch C, Carda M, e Garcia-Agustin P.** Três novas amidas sintéticas do ácido adípico protegem as plantas de *Capsicum annuum* contra o agente patogénico necrotrófico *Altemaria solani. Physiol Mol Plant Path* 63, 151- 158, 2003.
- **Folsom D e Bonde R.** *Altemaria solani* as a cause of tuber rot in potatoes. *Phytopathology* 15: 282-286, 1925.
- **Franc GD.** Potato Early Blight Fact Sheet. *Spudman,* 1995.
- **Galeotti F, Barile E, Curir P, Dolci M, e Lanzotti V.** Flavonóides do cravo *(Dianthus caryophyllus)* e a sua atividade antifúngica. *Phytochem Lett* 1: 44-48, 2008.
- **Galeotti F, Barile E, Curir P, Dolci M, e Lanzotti V.** Flavonóides do cravo *(Dianthus caryophyllus)* e a sua atividade antifúngica. *Phytochem Lett* 1:44-48, 2008.
- **Geissman TA.** Compostos flavonóides, taninos, ligninas e compostos relacionados. In: Froklin, M. e Stotz, E.H. (ed.), Pyrrole Pigments, isoprenoid compounds and phenolic plant constituents, *Elsevier, New York,* 9: 265, 1963.
- **Georgopapadakou NH e Tkacz JS.** The fungal cell wall as a drug target. *Trends Microbiol* 3: 98-104,1995.
- **Ghosh M, Thangamani D, Thapliyal M, Yasodha R e Gurumurthi K.** Purificação da proteína antifúngica 20kD de *Plumbago capensis* - uma planta medicinal. *J Med Aromatic Pl Sci* 24: 16-18, 2002.
- **Ghuman S e Coopoosamy RM.** Preparação de amostras brutas, extração e rastreio

in vitro da atividade antimicrobiana de plantas medicinais selecionadas para a cicatrização de feridas em KwaZulu-Natal, África do Sul: A review. *J Med Pl Res* 5: 3572-3576, 2011

- **Gnanaguru M e Sahadevan C.** Atividade antibacteriana de *Tragia involucrata* Linn, sp.pl. *Indian Drugs* 37: 506-507, 2000.
- **Goel A e Sharma K.** Effect of *Euphorbia Pulcherrima* Leaf and Inflorescence Extract on Various Cytomorphological Parameters of Aspergillus fumigates: Academia Mundial de Ciência, Engenharia e Tecnologia. Int *J Bio Biom Agri Food & Biotech Eng* 7: 516-519, 2013.
- **Goyal P e Kaushik P.** Avaliação *in vitro* da atividade antibacteriana de vários extractos de folhas em bruto da planta sagrada indiana, *Ocimum sanctum L. Br Microbiol Res J1*: 70-78, 2011.
- **Verde RJ.** Atividade Antioxidante de Tecidos de Amendoim. Tese de Mestrado. Universidade Estadual da Carolina do Norte. EUA, 2004.
- **Groover RK e Moore JD.** Toxicometric studies of Fungicides against the brown root organisms *Sclerotinia fructicola* and *S. laxa. Phytopathology* 52: 876-880, 1962.
- **Guleria S e Kumar A.** Antifungal activity of some Himalayan medicinal plants using direct bioautography. *J Cell Mol Biol* 5: 95-98, 2006.
- **Gupta M e Mazumdar UK.** Antitumor activity of methanolic extract of *Cassia fistula* L. seed against Ehrlich Ascite Carcinoma. *J Ethnopharmacol* 72: 151-156, 2000.
- **Gupta RK.** Medicinal and Aromatic plants, CBS publishers & distributors, 1st edition, 2010, p. 116-117.
- **Gur jar MS, Ali S, Akhtar M, e Singh KS.** Eficácia dos extractos de plantas na gestão das doenças das plantas. *Agr Sci* 3: 425-433, 2012.
- **Hada D e Sharma K.** Uma revisão: Extractos de plantas uma nova fonte de potencial antimicrobiano. *Res J Pharma Biol Chern Sci* 5: 598-628, 2014.
- **Hada D e Sharma K.** Avaliação da atividade antifúngica da polpa de frutos de *Cassia fistula* L. contra *Alternaria solani. Int JPharm Pharm Sci* 7: 438-441, 2015.
- **Hada T, Shiraishi A, Garuse S, Inoue Y, Flamashima H, Matsumoto Y, Masuda K, Shiojima K, e Shimada J.** Inhibitory effects of terpenes on the growth of *Staphylococcus aureus. Nat Med* 57: 64-67, 2003.
- **Hajra S, Mehta A, e Pandey P.** Avaliação da atividade antimicrobiana das folhas de *Cassia fistula* e *Flacoartia indica. J Pharm Res* 4: 2432-2435, 2011.
- **Harborne JB.** Métodos de análise de plantas. *In phytochemical methods.* London, NewYork: Chapman and Hill, 1984, p. 05-06.
- **Harlapur SI, Kulkarni MS, Wali MC, e Kulkarni S.** Avaliação de extractos de

plantas, bio-agentes e fungicidas contra *Exserohilum turcicum* (Pass.) Leonard e Suggs, causando o míldio foliar do milho. *Karnataka J Agri Sci* 20: 541-544, 2007.

- **Harmala P, Vuorela H, Tornquist K, e Hiltunen R.** Escolha do solvente na extração de raízes de *Angelica archangelica* com referência à atividade de bloqueio do cálcio. *Plant Med* 58: 176-183, 1992.
- **Harrison MD e Venette JR.** Chemical control of potato early blight and its effect on potato yield. *Am Potato* J 47:81-86, 1970.
- **Hartmann GC.** A citologia de *Alternaria tenuis. Mycologia* 58: 694, 1966.
- **Haslam E.** Natural polyphenols (vegetable tannins) as drugs: Possíveis modos de ação. *J Nat Prod* 59: 205-215, 1996.
- **Heaney SP, Hall AA, Davies SA e Olaya G.** Resistance to fungicides in the QoI-STAR cross resistance group: Perspectivas actuais. Páginas 755-762 em: *Brighton Crop Protection Conference-Pests and Diseases-* 2000. Vol. 2. Major Print, Nottingham, Reino Unido, 2000.
- **Helmy WA, Amer H, e El-Shayeb NMA.** Actividades biológicas e antimicrobianas de extractos aquosos da árvore Neem *(Azadirachta indica* A. Juss., Meliaceae). *JApplSci Res* 3: 1050-1055, 2007.
- **Henry C, Latge JP, e Beauvais A.** alfa 1,3-Glucans são dispensáveis em *Aspergillus fumigatus. Eukaryot Cell* 11: 26-29, 2012.
- **Hermanova V, Barta J, e Curn V.** Antifungal Plant Proteins - Classification, Characterization and potential Applications. *Chem Listy* 100: 495-500, 2006.
- **Holm AL.** Sensibilidade de *Alternaria* spp. a fungicidas foliares. Tese de mestrado. Universidade Estadual de Dakota do Norte, Fargo, 2000.
- **Hori Y, Sato S, e Hatai A.** Atividade antibacteriana de extractos de plantas de feijão Azuki *(Vigna angularis} in vitro. Phytother Res* 20: 162-164, 2006.
- **Hostettmann K, Marston A, Maillard M, e Hamburger M.** Phytochemistry of plants used in traditional medicine. *Clarendon Press, Oxford* 1995.
- **Houghton PJ.** O papel das plantas na medicina tradicional e na terapia atual. *JAltern Complement Med* 1: 131-43, 1995.
- **Hughes I.** Revista Ciência em África. Número 56, 2002.
- **Ilic SB, Konstantinovic SS, e Todorovic ZB.** Flavonóides da flor de *Linum capitatum* kit. *Phys, Chem & Technol* 3: 67-71, 2004.
- **Islam MR, Hossain MK, Bahar MH, e Ah MR.** Identificação do agente causal da mancha foliar da noz de bétele e avaliação *in vitro* de fungicidas e extractos de plantas contra o mesmo. *PakJBiol Sci* 7:1758-1761, 2004.
- **Jabeen K, Hanif S, Naz S, e Iqbal S.** Atividade antifúngica de Azadirachta Indica contra *Alternaria Solani. J Life Sci Tech* 1: 1, 2013.
- **Jaganathan R e Narsimhan VP.** Effect of plant extract/product on two fungal

pathogens of finger millet. *Indian JMycol Plant Pathol* 18: 250-254, 1988.

- **Janaki S e Vijayasekaran V.** Actividades antifúngicas de *Aglaia roxburghiana* (W. & A.). MIQ. Var. beddomei. *Biomed* 18: 86-89, 1998.
- **Jayaraman SK, Manoharan MS, and Illanchezian S.** *In-vitro* antimicrobial and antitumor activities of *Stevia rebaudiana (Asteraceae)* leaf extracts. *Tropical JPharmaceut Res* 7: 1143-1149, 2008.
- **Jeong SM, Kim SY, Kim DR, Jo SC, Nam KC, Ahn DU, e Lee SC.** Effect of heat treatment on the antioxidant activity of extract from citrus peels (Efeito do tratamento térmico na atividade antioxidante do extrato de cascas de citrinos). *JAgr Food Chem* 52: 3389-93, 2004.
- **Joly P.** O género *Alternaria. Paris'.* Editions Paul Chevalier, 1964.

Jones GA, Me Allister T, Muir AD, e Chang KJ. Effects of sainfoin *(Onobrychis vicifolia scop.)* condensed tannins on growth and proteolysis of four strains of reminal bacteria. *Appl Environ Microbiol Lett* 46: 223-227, 1994.

Joseph GS, Jayaprakasha GK, Selvi AT, Jena BS, e Sakariah KK. Actividades anti aflatoxigénicas e antioxidantes de extractos de Garcinia. *Int J Food Microbiol* 101:153-160, 2005.

Karumi Y, Onyeyili PA, e Ogugbuaja VO. Identificação do extrato de folhas de *M. balasama* (maçã balsâmica). *J Med Sci* 4: 179-182, 2004.

Kasiram K, Sakharkar PR, e Patil AT. Atividade antifúngica de *Calendula officinalis. Ind J Pharmaceut Sci* 6: 464-466, 2000.

Ke-Qiang CAO e Van Bruggen AHC. Efeito inibidor de vários extractos de plantas e produtos vegetais sobre *Phytophthora infestans. J Agric Univ Hebei* 1-9, 2001.

Khair AE e Haggag WM. Aplicação de alguns extractos de plantas medicinais egípcias contra as pragas tardias e precoces da batata. *Res J Agric Biol Sci* 3:166-175,2007.

Khare CP. Indian medicinal plants, *Springer* 128, 2007.

Kirtikar KR e Basu BD. Indian Medicinal Plants. *Bishen Singh Mahendra Pal Singh, Dehradun* 1984.

Kokate CK, Purohit AP, e Gokhale SB. Farmacognogia. In: Analytic pharmacognosy (7th ed.), Nirali Prakashan, Pune, 122-124,1990.

Krupinsky JM, Bailey KL, McMullen MP, Gossen BD, e Turkington TK. Managing Plant Disease Risk in Diversified Cropping Systems. *Agro J* 94: 198-209, 2002.

Kumar VP, Chauhan NS, Padh H, e Rajani M. Pesquisa de agentes antifúngicos antibacterianos a partir de plantas medicinais indianas selecionadas. *J Ethnopharmacol* 107: 182-188,2006.

Laie NES e Abdulrahman HT. Avaliação do óleo de sementes de nim *(Azadirchta* *indica* A. Juss) obtido por diferentes métodos e do pó de nim para a gestão de *Callosobruchus maculatus* (F.) (Coleoptra: Burchidae) em feijão-frade armazenado. *J Stored Prod Res* 35: 135-143, 1999.

- **Lampinen J..** Continuous Antimicrobial susceptibility testing in drug discovery [Teste contínuo de suscetibilidade antimicrobiana na descoberta de medicamentos]. Drug Plus International, pp. 1-3, 2005. http://www. thermoreadingroom. com/files/application_pdfs/File_30585 .pdf.
- **Lange L, Breinholt J, Rasmussen FW, e Nielsen RI.** Fungicidas microbianos - a escolha natural. *Pestic Sci* 39:155-160, 1993.
- **Lee CF, Han CK, e Tsau JL.** Atividade *in vitro* do extrato de alho-francês chinês contra espécies de *Campylobacter. IntJFood Microbiol* 94: 169-174, 2004
- **Lee HS.** Propriedade fungicida do componente ativo derivado do rizoma de *Acorus gramineus* contra fungos fitopatogénicos. Elsevier Ltd., 1324-1328, 2006.
- **Lefevre F, Robe P, Jarrin C, Ginolhac A, Zago C, Auriol D, Vogel TM, Simonet P, e Nalin R.** Drugs from hidden bugs: their discovery via untapped resources. *Res Microbiol* 159: 153-161, 2008.
- **Liasu MO e Ayandele AA.** Atividade antimicrobiana de extractos aquosos e etanólicos de *Tithonia diversifolia* e *Bryum coronation* recolhidos em Ogbomoso, Oyostate. Nigéria. *Adv Nat Appl Sci* 2: 31-34, 2008.
- **Maiero M, Bean GA, e Ng TJ.** Toxin production by *Alternaria solani* and its related phytotoxicity to tomato breeding lines. *Phytopathology* 81: 1030-1033, 1991.
- **Maresa DB, Tosia F, Polib E, Andreottia C, e Romagnolic.** Antifungal activity of on some phytopathogenic fungi: ultrastructural evidence on *Pythium ultimum".* *Microbiol Res* 15: 295-304, 2004.
- **Marino M, Bersani C, e Comi G.** Medições de impedância para estudar a atividade antimicrobiana de óleos essenciais de Lamiaceae e Compositae. *Int J Food Microbiol* 67: 187, 2001.
- **Marston A.** Role of advances in chromatographic techniques in phytochemistry (Papel dos avanços nas técnicas cromatográficas na fitoquímica). *Phytochem* 68: 2785-2797, 2007.
- **Masuduzzaman S, Meah MB, e Rashid MM.** Determinação da ação inibitória dos extractos de folhas de *Allamanda* contra alguns agentes patogénicos importantes das plantas. *J Agr Rural Dev* 6: 107-112, 2008.
- **Matsuura M.** Saponins in garlic as modifiers of the risk of cardiovascular disease. *JNutr* 131: 1000-1005,2001.
- **Mattila P e Hellstrom J.** Phenolic acids in potatoes, vegetables, and some of their products. *J Food Composition Analysis* 20: 152-160, 2007.
- **Maya C e Thippanna M.** Avaliação *in vitro* de extractos de plantas importantes

do ponto de vista etanobotânico contra a doença do míldio. *G J B B* 2: 248-252, 2013.

- **Mehta S e Sharma K.** Atividade antifúngica de *glóbulos de eucalipto* contra alguns fungos patogênicos de plantas. *JPharm res*\\ 884-887, 2013.
- **Mendoza L, Wilkens M, and Urzua A.** Antimicrobial study of the resinous exudates and of diterpenoids and flavonoids isolated from some Chilean *Pseudognaphalium* (Asteraceae). *JEthnopharmacol* 58: 85-88, 1997.
- **Mesa-Arango AC, Trevijano-Contador N, Roman E, Sanchez-Fresneda R, Casas C e Herrero E.** A produção de espécies reactivas de oxigénio é um mecanismo de ação universal da anfotericina B contra leveduras patogénicas e contribui para o efeito fungicida deste medicamento. *Antimicrob Agents Chemother* 58: 6627-6638, 2014.
- **Mickeviciene K, Baranauskaite R, Kantminiene K, Stasevych M, Komarovska-Porokhnyavets O e Novikov V.** Síntese e atividade antimicrobiana de derivados de N-substituídos-P-aminoácidos contendo 2-hidroxifenilo, benzo[b]fenoxazina e moléculas de quinoxalina. *Molecules* 20: 3170-3189, 2015.
- **Mimaki Y, Kuroda M, Kameyama A, Yokosuka A, e Sashida Y.** Saponinas esteroidais das partes subterrâneas de *Ruscus aculeatus* e a sua atividade citostática em células HL-60. *Phytochem* 48: 485-493,1998.
- **Mishra AK e Dubey NK.** Avaliação de alguns óleos essenciais quanto à sua toxicidade contra fungos que causam a deterioração de produtos alimentares armazenados. *Appl Environ Microbiol* 60: 1101-1105, 1994.
- **Mishra AK, Mishra A, Kehri HK, Sharma B, e Pandey AK.** Inhibitory activity of Indian spice *plant Cinnamomum zeylanicum* extracts against *Altemaria solani* and *Curvularia lunata,* the pathogenic dematiaceous moulds. *Ann Clin Microbiol Antimicrob* vol. *8,* artigo 9, 2009.
- **Mishra M e Tiwari SN.** Toxicidade de *Polyalthia longifolia* contra agentes patogénicos fúngicos do arroz. *Indian Phytopath* 45: 56-61, 1992.
- **Mishra MP, Rath S, Swain SS, Ghosh G, Das D, e Padhy RN.** Atividade antibacteriana *in vitro* de extractos brutos de 9 plantas medicinais selecionadas contra bactérias MDR causadoras de ITU. *J King Saud Univ Sci* 29, 84-95, 2017.
- **Misra SB e Dixit SN.** Antifungal activity of leaf extracts of some higher plants. *Ata Botanica Indica* 7: 146-150, 1995.
- **Mohd D, Singh P, Mishra G, Srivastava S, Jha KK, e Khosa RL.** *Cassia fistula* Linn.(Amulthus)- Uma importante planta medicinal: A Review of Its Traditional Uses, Phytochemistry and Pharmacological Properties. *J Nat Prod Plant Resour* 1: 101-118 2011.
- **Nachmias A, Caligari PDS, Mackay GR, and Livescu, L.** The effects of

Alternaria. solani and *Verticillium dahliae* on potatoes growing in Israel. *Potato Res* 31, 443-450,1988.

- **Nadkarni KM.** Indian Materia Medica, Bombay Popular Prakashan 1: 285- 286, 2009.
- **Nakamura CV, Ishida K, Faccin LC, Filho BPD, Cortez DAG, Rozental S, de Souza W, e Nakamura U.** Atividade *in vitro* do óleo essencial de *Ocimum gratissimum* L. contra quatro espécies de *Candida*. *Res Microbiol* 155: 579-586, 2004.
- **Natrajan V, Venugopal PV, e Menon T.** Effect of *Azadirachta indica* (Neem) on the growth pattern of dermatophytes. *Indian J Med Microbiol* 21: 98-101,2003.
- **Ncube NS, Afolayan AJ, e Okoh AI.** Técnicas de avaliação das propriedades antimicrobianas de compostos naturais de origem vegetal: métodos actuais e tendências futuras. *Afr JBiotechnol* 7: 1797-1806, 2008.
- **Newbold CJ, El Hassan SM, Wang J, Ortega ME, e Wallace RJ.** Influence of foliage from African multipurpose trees on activity of rumen protozoa and bacteria. *BritJNutr* 78: 237-249, 1997.
- **Nguyen V, Nguyen D, Seo D, Park R, e Jung W.** Actividades antimicóticas de compostos derivados da canela contra *Rhizoctonia solani in vitro. Bio Control* 54:697-707, 2009.
- **Nikolajeva V, Liepina L, Petrina Z, Krumina G, Grube M, e Muiznieks I.** Atividade antibacteriana de extractos de algumas briófitas. *Adv Microbiol* 2: 345 - 353, 2012.
- **O'Brien MJ e Rich AE.** Potato diseases USDA Agric. Handbook. 1976, p. 474.
- **Okore VC, Ugwu CM, Oleghe PO, e Akpa PA.** Ação anticandidal selectiva do extrato aquoso bruto da vagem de *Lecaniodiscus cupanioides'*. Um estudo preliminar sobre *Candida albicans* obtida de um doente com SIDA. *Ensaios de Investigação Científica* 2: 43-46, 2007.
- **Omulokoli E, Khan B, e Chhabra SC.** Atividade antiplasmódica de quatro plantas medicinais do Quénia. *JEthnopharmacol* 56: 133-137,1997.
- **Osman KA e Al-Rehiayam S.** Risk assessment of pesticide to human and the environment (Avaliação dos riscos dos pesticidas para o homem e o ambiente). *Saudi J Biol Sci* 10: 81-106, 2003.
- **Otto RBD, Ameso S, e Onegi B.** Avaliação da atividade antibacteriana de extractos brutos de folhas e raízes de *Cassia alata* contra *Neisseria gonorrhea. Ciências da Saúde Africanas* 14, 840-848, 2014.
- **Paccola EAS, Bomfeti CA, Favaro LCL, Fonseca ICB, e Meirelles LDP.** Ação antimutagênica de *Lentinula edodes* e *Agaricus blazei* sobre conídios *de Aspergillus nidulans*. *Braz J Microbiol* 35:311-315, 2004.
- **Pachkore GL, Dhale DA, e Dharasurkar AN.** Rastreio antimicrobiano e

fitoquímico de *Hyptis suaveolens* (L.Poit) Lamiaceae. *Int Multidiscip Res J1*: 01 - 03,2011.

- **Panda D, Dash SK e Dash GK.** Análise fitoquímica qualitativa e investigação do potencial anti-helmíntico e de cicatrização de feridas de vários extractos de *Chromolaena odorata* Linn, recolhidos na localidade de Mohuda village, berhampur (South Orissa). *Int J Pharma Sci Rev & Res* 1: 122-126, 2010.
- **Pandey AK.** Composição e atividade antifúngica *in vitro* do óleo essencial de mentol de hortelã *{Mentha arvensis* L.) que cresce na Índia central. *Indian Drugs* 40 : 126-128, 2003.
- **Pandey SK.** Horticulture, Vegetable science, Potato and tuber crops, Central potato research institute, Shimla, 2007.
- **Parekh J, Jadeja D, e Chanda S.** Eficácia dos extractos aquosos e metanólicos de algumas plantas medicinais para uma potencial atividade antibacteriana. *Turk J Biol* 29: 203-210, 2005.
- **Parveen T e Sharma K.** Gestão da "podridão mole" do gengibre por Botanicals. *Int JPharm Life Sci* 5: 3478-3484, 2014.
- **Pasche JS, Piche LM, e Gudmestad NC.** Effect of the F129L mutation in *Altemaria solani* on fungicides affecting mitochondrial respiration. *Plant Dis* 89: 269-278, 2005.
- **Pasche JS, Wharam CM, e Gudmestad NC.** Mudança na sensibilidade de *Alternaria solani* em resposta a fungicidas Q (0) I. *Plant Dis* 88: 181-187, 2004.
- **Pathania JJ, Kumar B, Gupta S, e Sharma NC.** Antimicrobial activity of commonly occurring weed *Ipomea camea* Jacq. *J Ind Bot Soc* 81: 317- 321,2002.
- **Patil HM.** Notas etnobotânicas sobre as colinas de Satpura do distrito de Nandurbar, Maharashtra, Índia. *Res J Recent Sci* 1: 326-328, 2012.
- **Pattnaik MM, Kar M, e Sahu RK.** Bioeficácia de alguns extractos de plantas nos parâmetros de crescimento e no controlo de doenças em *Lycopersicum esculentum. Asian J Plant Sci Res* 2: 129-142. 2012.
- **Pattnaik S, Subramanyam VR, e Rath CC.** Effect of essential oils on the viability and morphology of *E. coli. Microbios* 84: 195-199, 1995.
- **Pawar BT.** Antifungal activity of some stem extracts against seed-borne pathogenic fungi. *JPhytology* 3: 49-51, 2011.
- **Perumalsamy R, Ignacimuthu S, e Raja DP.** Rastreio preliminar de plantas etnomedicinais da Índia. *JEthnopharmacol* 66: 235-240, 1999.
- **Phillipson JD.** Phytochemistry and pharmacognosy. *Phytochem* 68: 2960- 2972, 2007.
- **Phongpaichit S, Pujenjob N, Rukachaisirikul V, e Ongsakul M.** Antifungal activity from leaf extracts of *Cassia alata* L., *Cassia fistula* L. and *Cassia tora* L. *JSci Technol* 26: 741-748, 2004.

- **Pluck A, Sokolowska-Kohler W, e Presber W.** Aplicação de citometria de fluxo e métodos microscópicos para caraterizar o efeito de medicamentos à base de plantas em *Leishmania* 5pp. *Exp Parasitol* 97: 141-153, 2001.
- **Podolak I, Elas M, e Cieszka K.** Atividade antifúngica e citotóxica *in vitro* de saponósidos triterpénicos e pigmentos quinoides de *Lysimachia vulgaris* L. *Phytotherapy Res* 12: 70-73, 1998
- **Polya G.** Gene expression, cell division and apoptosis, In: Biochemical targets of plant bioactive compounds, Taylor & Francis, Londres, 2003.
- **Portz D, Koch E, and Slusarenko A.** Effects of garlic *(Allium sativum)* juice containing allicin on *Phytophthora infestans* and downy mildew of cucumber caused by *Pseudoperonospora cubensis. Eur J Plant Pathol* 122: 197-206, 2008.
- **Potter SM, Jimenez-Flores R, Pollack J, Lone TA, e Berber-Jimenez MD.** Interação proteína-sabonina e sua influência nos lípidos sanguíneos. *JAgr Food Chern* 41: 1287-1291, 1993.
- **Prashanth VK, Chauhan NS, Padh H, e Rajani M.** Pesquisa de agentes antifúngicos antibacterianos a partir de plantas medicinais indianas selecionadas. *J Ethnopharmacol* 107: 182-188, 2006.
- **Prescott LM, Harley JP, e Klein DA.** Microbiology (2ª ed.) Wm. C. Brown Publishers. Dubuque, EUA, 1993.
- **Pscheidt JW e Stevenson WR.** O período crítico para o controlo do míldio da batata *(Alternaria solani). Am Potato J* 65: 425-438, 1988.
- **Ragasa CY, de Luna RD, e Hofelina JG.** Antimicrobial terpenoids from *Pterocarpus indicus. Nat Prod Res* 19: 305-309, 2005.
- **Rajamanickam K e Sudha SS.** Atividade antimicrobiana *in vitro* e toxicidade *in vivo* de *Moringa oleifera* e *Allamanda cathartica* contra patógenos clínicos resistentes a múltiplos medicamentos. *Int JPharm Bio Sci* 4: 768-775, 2013.
- **RajaSekhar D, Prasad SHKR, Rao KV, e Lakshmi MV.** Avaliação *in vitro* do espetro antibacteriano dos extractos de folhas de *Croton bonplandianum. Ind J Microbiol* 44: 145-146, 2004.
- **Raju RA.** Transformation of Herbicidal Technology Chemical based to Ecological Concern. Publicado por Daye publishing house, Delhi; 2001.
- **Ramanathan A, Mathur HT e Dhande R.** Efeito dos extractos de plantas no crescimento de *Pythium aphanidermatum. JMycol Pl Pathol* 34: 315-316, 2004.
- **Rao MR, Reddy IB, e Raman T.** Antimicrobial activity of some Indian medicinal plants (atividade antimicrobiana de algumas plantas medicinais indianas). *Ind J Microbiol* 46: 259-262, 2006.
- **Rath CC, Dash SK, Mishra RK, e Charyulu JK.** Anti *E. coli* activity of turmeric *{Curcuma longa* L.) essential oil. *Indian Drugs* 38: 106-111, 2001.

- **Reddy KRN, Nurdijati SB e Salleh B.** Eficácia de extractos aquosos de plantas medicinais no crescimento e na produção de citrinina por *Penicillium citrinum* isolado de grãos de arroz. *Afr J Microbiol Res* 4: 2562-2565, 2010.
- **Reddy KRN, Reddy CS, e Muralidharan K.** Potencial de botânicos e agentes de biocontrolo no crescimento e produção de aflatoxinas por *Aspergillus flavus* que infectam grãos de arroz. *Food Control* 20: 173-178, 2009.
- **Reddy MK, Gupta SK, Jacob MR, Khan SI, e Farreira D.** Actividades antioxidantes, antimaláricas e antimicrobianas de fracções ricas em taninos, elagitaninos e ácidos fenólicos de *Punica granatum* L. *Planta Med13'.46\-Afn,* 2007.
- **Ren W, Oiao Z, Wang H, Zhu L e Zhang L.** Flavonóides: Promising anticancer agents. *Med Res Rev* 23: 519-534, 2003.
- **Riguera R.** Isolamento de compostos bioactivos de organismos marinhos. *J Mar Biotechnol* 5: 187-193, 1997.
- **Roepenack-Lahaye EV, Newman MA, Schornack S, Hammond-Kosack KE, Lahaye T, Jones JDG, Daniels MJ e Dow JM.** Coumaroylnoradrenaline, um novo metabolito vegetal implicado na defesa do tomate contra agentes patogénicos. *J Biol Chem* 278: 43373-43383, 2003.
- **Rosa LH, Tabanca N, Techen N, Wedge DE, Pan Z, Bernier UR, Becnel JJ, Agramonte NM, Walker LA, e Moraes RM.** Diversidade e atividades biológicas de fungos endofíticos associados à planta medicinal micropropagada *Echinacea purpurea(L.)* Moench. *Am J Plant Sci* 3: 1105- 1114, 2012.
- **Rotem J.** The Genus *Alternaria',* Biology, Epidemiology, and Pathogenicity [O género *Alternaria',* Biologia, Epidemiologia e Patogenicidade]. *APS Press,* St. Paul, Minnesota, 1998.
- **Runyoro D, Matee M, Olipa N, Joseph C, e Mbwambo H.** Rastreio de plantas medicinais da Tanzânia para atividade anti-Candida. *BMC Complement Altern Med* 30: 6-11, 2006.
- **Sanchez E, Heredia N, e Garcia S.** Inibição do crescimento e da produção de micotoxinas de *Aspergillus flavus* e *Aspergillus parasiticus* por extractos de espécies de Agave. *Int J Food Microbiol* 98: 271-279, 2005.
- **Sandhu MK e Arora S.** Plantas como fonte de agentes antimicrobianos: A review. *Proc Nat Acad Sci,* Índia, 70(B). Ill e IV: 197-210, 2000.
- **Satya VK, Radhajayalakshmi R, Kavitha K, Paranidharan V, Bhaskaran R e Velazhahan R.** Atividade antimicrobiana *in vitro* do extrato de folhas de Zimmu *(Allium sativum, Allium cepa* L.). *Arch Phytopathology plant protect* 38: 185-192, 2005.
- **Satyavati GV e Sharma M.** Medicinal Plant in India, ICMR, Nova Deli, Índia, p.

112-113, 1989.

- **Saxena OP, Kumar M, Christian M, e Rathod Z.** Isolamento e identificação de substâncias farmacologicamente activas em certas plantas medicinais *(in vivo* e *in vitro). J Tiss Res* 3: 31-34, 2003a.
- **Scalbert A.** Antimicrobial properties of tannins (propriedades antimicrobianas dos taninos). *Phytochem* 30: 3875-3883, 1991.
- **Schmidt A, Grimm R, Schmidt J, Scheel D, Strack D, e Rosahl, S.** Clonagem e expressão de um cDNA de batata que codifica a hidroxicinamoil- CoA:tiramina N-(hidroxicinamoil)transferase. *J Biol Chem* 274: 4273-4280, 1999.
- **Schmidt B, Ribnicky DM, Poulev A, Logendra S, Cefalu WT, e Raskin I.** A natural history of botanical therapeutics. *Metab Clin & Exp* 57: S3-S9, 2008.
- **Shabir G, Anwar F, Sultana B, Khalid ZM, Muhammad A, Khan QM e Ashrafuzzaman M.** Atributos antioxidantes e antimicrobianos e fenólicos de diferentes extractos de solventes de folhas, flores e casca de Gold Mohar *[Delonix regia* (Bojer ex Hook.) Raf.] *Molecules* 16: 7302- 7319, 2011.
- **Shadomy S e Ingraff E.** A Manual of Clinical Microbiology (Lennet E.H., Spauling E.H., Truant, J.P. eds), *American Society of Microbiology,* Washington, p. 569, 1974.
- **Shanmugavalli N, Umashankar V, e Raheem.** Atividade anitmicrobiana de *Vanillaplanifolia. Indian J Sci Technol* 2: 37-40, 2009.
- **Sharma K, Dak G, Nambakkat L, e Kanipotth V.** Evidência de difração de raios X para a ação antifúngica de *Cassia fistula* Linn, extrato de polpa de fruta. *16th Congresso Europeu de Microbiologia Clínica e Doenças Infecciosas Nice.* França: R 1921, 2006.
- **Sharma A, Shanker C, Tyagi LK, Singh M e Rao CV.** Herbal medicine for market potential in India: An overview. *Acad J Plant Sci* 1: 26- 36, 2008.
- **Sharma PD.** Doenças causadas por Deuteromycotina. In: *Plant Pathology* (1st ed.), Rastogi Publications, New Delhi, India, 347, 2001.
- **Sheikh M, Malik AR, Meghavanshi MK, e Mahmood I.** Estudos sobre alguns extractos de plantas para o seu potencial antimicrobiano contra certos microrganismos patogénicos. *Am J Plant Sci* 3: 209 - 213, 2012.
- **Shiva V, Pande P, and Singh J.** Principles of Organic Farming, Renewing the Earth's Harvest, Published by *Navdanya, New Delhi,* 2004.
- **Shtienberg D, Bergeron SN, Nicholson AG, Fry WE, e Ewing EE.** Desenvolvimento e avaliação de um modelo geral para avaliação da perda de rendimento em batatas. *Phytopathology* 80: 466-472, 1990.
- **Silva O, Duarte A, Pimental M, Viegas S, Barroso H, Machado J, Pires I, Cabrita J, e Gomes E.** Atividade antimicrobiana da raiz de *Terminalia macroptera. J Ethnopharmacol* 57: 203-207, 1997.

- **Sinden SL, Goth RW, e O'Brien, MJ.** Effect of potato alkaloids on the growth of *Alternaria solani* and their possible role as resistance factors in potatoes. *Phytopathology* 63, 303-307, 1972.
- **Singh NK, Saxena RP, Pathak SP, e Chauhan SKS.** Management of *Alternaria* leaf spot disease of tomato. *Indian phytopath* 54: 508, 2001.
- **Singh SN, Yadav BP, Sinha SK, e Ojha KL.** Eficácia dos extractos de plantas na inibição do crescimento radial e da germinação de esporos de *Colletotrichum capsici. J Applied Biol* 7: 58-61, 1997.
- **Singh U, Raju B, Lam S, Zhou J, Gadwood RC, Ford CW, Zurenko GE, Schaadt RD, Morin SE, Adams WJ, Friis JM, Courtney M, Palandra J, Hackbarth CJ, Lopez S, Wu C, Mortell KH, Trias J, Yuan Z, Patel DV e Gordeev MF.** New Antibacterial tetrahydro-4(2H)-thiopyran and thiomorpholine S-oxide and S,S-dioxide phenyloxazolidinones. *Med Chem Lett* 13: 4209^1212, 2003.
- **Siva N, Ganesan, Banumathy S, e Muthuchelian N.** Antifungal effect of leaf extract of some medicinal plants against *Fusarium oxysporum* causing wilt disease of *Solanum melogena L. Ethnobot Leaflets* 12: 156-163, 2008.
- **Sofowara A.** Medicinal plants and traditional medicine in Africa (Plantas medicinais e medicina tradicional em África). Spectrum Books Ltd., Ibadan, Nigéria, 1993, p 289.
- **Solis C, Bocerra J, Flores C, Robledo J, e Silva M.** Antibacterial and antifungal terpenes from *Pilgerodendron uviferum* (D. Don) Florin. *J Chil Chem Soc* 49: 157-161,2004.
- **Somai BM e Belewa V.** Os extractos aquosos de *Tulbaghia violacea* inibem a germinação de conídios *de Aspergillus flavus* e *Aspergillus parasiticus*. *J Food Protic.* 1007-1011,2011.
- **Somda I, Leth V, e Sereme P.** Avaliação de extractos aquosos de capim-limão, eucalipto e neem para controlar fungos transmitidos por sementes de sorgo cultivado no Burkina Faso. *World J Agric Sci* 3: 218-223, 2007.
- **Southerton SG e Deverall BJ.** Alterações nos níveis de ácidos fenólicos em folhas de trigo que expressam resistência a *Puccinia recondita f.* sp. tritici. *Physiol Mol Plant Pathol* 37:437 450, 1990.
- **Stall E.** Uma investigação do número nuclear em *Alternaria solani. Am JBot* 45: 657, 1958.
- **Stanghellini ME e Tomlinson JA.** Inhibitory and Lytic Effects of a Nonionic Surfactant on Various Asexual Stages in the Life Cycle of *Pythium* and *Phytophthora* Species. *Phytopathol Dis Cont & Pest Manage 'll'.* 112- 114, 1987.
- **Sundaramoorthy S, Usharani S, e George PA.** Atividade antifúngica de produtos vegetais para o manejo da infeção por podridão de frutas em pimentões.

Plant Patho J 13:^1-99, 2014.

- **Taguri T, Tanaka T, e Kouno I.** Antimicrobial activity of 10 different plant polyphenols against bacteria causing food borne disease. *Biol Pharmaceut Bull* 27: 1965-1969, 2004.
- **Tariq R, Khan SN, e Javaid A.** Antifungal activity of plant extract against *Fusarium oxysporium* - the cause of corm rot disease of *gladiolus. Mycopathol* 6: 13-15,2008.
- **Taskeen UN, Wani AH, Bhat MY, Pala SA, e Mir RA.** Efeito inibitório *in vitro* de fungicidas e botânicos no crescimento micelial e na germinação de esporos de *Fusarium oxysporum. J Biopest* 4: 53- 56, 2011.
- **Taylor RSL, Edel F, Manandhar NP, e Towers GHN.** Antimicrobial activities of southern Nepalese medicinal plants (Actividades antimicrobianas de plantas medicinais do sul do Nepal). *J Ethnopharmacol* 50: 97- 102, 1996.
- **Tegegne G e Pretorius JC.** Atividade antifúngica *in vitro* e *in vivo* de extrato bruto e material seco em pó de plantas selvagens da Etiópia contra agentes patogénicos de plantas economicamente importantes. *Biocontrolo* 52: 877-888, 2007.
- **Thanaboripat D, Chareonsettasilp S, Pandee K, e Udomwongsup K.** Efeito inibidor da lima Kaffir, do pepino amargo e do extrato de tabaco no crescimento de *Aspergillus flavus. Jornal KMITL Sci Tech* 6:18-24. 2006.

Theis N e Lerdau M. The evolution of function in plant secondary metabolites. *IntJPlantSci* 164: S93-S102, 2003.

Thompson WAR. Medicine from the Earth. Mc-Graw Hill Book Co., *Maindenhead, Reino Unido,* 1978.

Tim Batchelder BA. The chemical anthropology of antimicrobial plants (Antropologia médica). Carta de Townsend para Médicos e Pacientes, 2004.

Tiwari RKS, Chandravanshi SS, e Ojha BM. Eficácia de extractos de espécies de plantas medicinais no crescimento da podridão radicular *de Sclerotium rolfsii* no tomate. *J Mycol & Pl Pathol* 34: 461-464, 2005.

Tripathi NN e Kumar N. *Putranjiva roxburghii* oil- A potential herbal preservative for peanuts during storage. *J Stored Prod Res* 43: 435-442, 2007.

Tripathi P, Dubey NK, e Shukla AK. Utilização de alguns óleos essenciais como fungicidas botânicos pós-colheita na gestão do bolor cinzento das uvas causado por *Botrytis cinerea. World J Microbiol Biotechnol* 24: 39-46, 2008.

Tsai HF, Wheeler MH, Chang YC, e Knon-Chung KJ. Grupos de genes regulados pelo desenvolvimento envolvidos na biossíntese de pigmentos conidiais em *Aspergillus fumigatus. JBacteriol* 181: 6469-6477, 1999.

Tsuchiya H, Sato M, Miyazaki Y, Fujiwara S, Taniyaki S, Ohyama M,

Tanaka T, e Linuma M. Estudo comparativo sobre a atividade antibacteriana de flavonas fitoquímicas contra *Staphylococcus aureus* resistente à meticilina. *JEthnopharmacol* 50: 27-34, 1996.

Tuzun S e Kloepper J. Aplicação prática e implementação da resistência induzida. In: Hammerschmidt R, Kuc J, eds. Induced Resistance to Disease in Plants (Resistência Induzida a Doenças em Plantas). Amsterdam: *Kluwer Academic Publications,* 1995, p. 152- 168.

Ultee A, Bennink MHJ, e Moezelaar R. O grupo hidroxilo fenólico do carvacrol em relação a *Bacillus cereus. Appl Environ Microbiol* 68:1561-1568,2002.

Ultee A, Kets EP, e Smid EJ. Mechanisms of action of carvacrol on the food-bome pathogen *Bacillus cereus. Appl Environ Microbiol* 65: 4606- 4610, 1999.

- **Vaidya ADB.** Reverse pharmacological correlates of ayurvedic drug actions. *Indian J Pharmacol* 38: 311-315, 2006.
- **Valsaraj R, Pushpangadan P, Smitt UW, Adersen A, e Nyman U.** Antimicrobial screening of selected medicinal plants from India (Análise antimicrobiana de plantas medicinais selecionadas da Índia). *J Ethnopharmacol* 58: 75-83, 1997.
- **Verma SK, Singh SK, Mathur A, e Singh S.** Citotoxicidade *in vitro* de *Argemone Mexicana* contra diferentes linhas celulares de cancro humano. *Int J Chern, Environ &PharmRes* 1: 37-39, 2010.
- **Versha P, Ghosh B, Anroop B, e Ramanjit M.** Antimicrobial activity of *Alstonia scholaris* leaf extract. *Indian Drugs* 40: 412-413, 2003.
- **Vessal M, Akmali M, e Bambaee-Row N.** Deteção cromatográfica em camada fina de glicosídeos esteróides e alcalóides num extrato etanólico de frutos de cereja de inverno *{Physalis alkengi). Arch Iranian Med* 9: 315-318, 2006.
- **Waals JE, Korsten L, e Slippers B.** Genetic diversity among *Alternaria solani* isolates from potatoes in South Africa (Diversidade genética entre isolados de *Alternaria solani* de batatas na África do Sul). *Plant Dis* 88: 959-964, 2004.
- **Wanchaitanawong P, Chaungwanit P, Poovarodom N, and Nitisinprasert S.** *In vitro* antifungal activity of Thai herb and spice extracts against food spoilage fungi. *Kasetsart J Nat Sci* 39: 400-405, 2005.
- **Wang H e Ng TB.** Limenin, um péptido semelhante à defesa com múltiplas actividades exploráveis do feijão de prateleira. *JPeptSci* 12: 341-346, 2006.
- **Wang Y, McAllister TA, Yanke LJ, e Cheeke PR.** Effect of steroidal saponin from *Yucca schidigera* extract on ruminal microbes. *JAppl Microbiol* 88: 887-896, 2000.
- **Wharton P e Kirk W.** Early Blight Extention Bulletin E-2991, Dept, of Pl.

Pathol., Michigan State University (http ://www.potatodiseases .org/pdf/early-blight-bulletin.pdf). 2007.

- **Wilson CL, Solar JM, El-Ghaouth A, e Wisniewski ME.** Avaliação rápida de extractos de plantas e óleos essenciais para a atividade antifúngica contra *Botrytis cinerea. Plant Dis* 81: 204-210, 1997.
- **Wootton AC.** Chronicles of Pharmacy (1910). *Tuckahoe, NY: USV Pharmaceutical Corp,* 1972.
- **Xan TD, Yuichi O, Junko C, Eiji T, Hiroyuki T, Mitsuhiro M, Khanh TD, e Hong NH.** Raiz de kava *{Piper methysticum* L.) como potencial herbicida e fungicida natural. *Crop ProtlZ'.* 873-881, 2003.
- **Ya C, Gaffney SH, Lilley TH, e Haslam E.** Carbohydrate Polyphenol Complexation. In: Chemistry and Significance of Condensed Tannins (Hemingway, R.W. e Karchesy, J.J. eds.). Plenum Press, *Nova Iorque,* 1988, p. 553.
- **Yanar Y, Gbk^e A, Kadioglu I, Qm H, e Whalon M.** Avaliação antifúngica *in vitro* de vários extractos de plantas contra a doença do míldio *(Altemaria solani)* da batata. *Afr J Biotechnol* 10: 8291-8295, 2011.
- **Yoshiki Y, Kudou S, e Okubo K.** Relação entre estruturas químicas e actividades biológicas de saponinas triterpenóides de soja (Revisão). *Biosci Biotechnol Biochem* 62: 2291-2299, 1998.
- **Zhang Y e Lewis K.** Fabatins: New antimicrobial plant polypeptides. FEMS *Microbiol Lett* 149: 59-64, 1997.

Quadro 1: Efeito de diferentes concentrações do extrato clorofórmico da polpa do fruto de *C. fistula* na largura do micélio de *Altemaria solani*

S. No.	Extract Concentration (mg/ml)	Mycelium width (µm) ± SD	% Increase in mycelium width
1.	Control	1.24 ± 0.04	-
2.	2.5	NF	-
3.	1.25	5.61 ± 0.05	77.89
4.	0.625	5.23 ± 0.03	76.29
5.	0.312	4.16 ± 0.03	70.19
6.	0.156	3.48 ± 0.02	64.34
7.	0.078	2.59 ± 0.03	52.12
8.	0.039	2.19 ± 0.04	43.37
9	0.019	1.54 ± 0.05	19.48

NF = Não formado

Quadro 2: Efeito de diferentes concentrações de extrato clorofórmico de *C. fistula*
polpa do fruto no tamanho dos conídios de *Altemaria solani*

S. No.	Extract Concentration (mg/ml)	Conidia size (µm) (L XW)	Conidia size (µm) ± SD (Area)	% Reduction in Conidia size
1.	Control	59.53 X 34.02	2025.21 ± 0.17	-
2.	2.5	NF	NF	-
3.	1.25	31.18 X 17.01	530.37 ± 0.18	97.61
4.	0.625	34.02 X17.05	580.04 ± 0.19	92.85
5.	0.312	36.85 X 19.84	731.1 ± 0.39	79.77
6.	0.156	39.69 X 22.68	900.16 ± 0.28	66.65
7.	0.078	42.52 X 25.51	1084.68 ± 0.29	53.58
8.	0.039	51.03 X 28.35	1446.7 ± 0.79	30.93
9	0.019	56.76 X 31.18	1767.9 ± 0.41	13.04

Quadro 3: Percentagem de extrato e valores Rf das fracções da coluna da fração clorofórmica parcialmente purificada da polpa do fruto de *Cassia fistula*

Number of Column Fractions	Colour of Column Fraction	Percent Extractive (%)	Total No. of Bands Observed in TLC	Colour of Bands of Column Fractions at Wavelength 254 nm (TLC)		Rf Values (cm)
				Before Derivatization	After Derivatization	
FPF 1	Dark green	2.94	4	Yellow, light green, light brown, dark green	Yellow, dark green, dark brown, dark green	0.65, 0.77, 0.87, 0.91
FPF 2	Green	3.79	5	Dark yellow, light gray, light pink, dark brown, dark green	Dark yellow, gray, pink, brown, dark green	0.60, 0.73, 0.81,0.88, 0.93
FPF 3	Brown	1.72	4	Yellow, light green, brown, green	Dark yellow, green, light brown, dark green	0.66, 0.80, 0.90, 0.95
FPF 4	Dark yellow	0.58	3	Yellow, brown, light green	Dark yellow, dark brown, green	0.70, 0.88, 0.97
FPF 5	Yellow	1.18	3	Light yellow, gray, light green	Yellow, light brown, green	0.72, 0.85, 0.96
FPF 6	Light yellow	2.12	2	Light yellow, green	Dark yellow, dark green	0.70, 0.95
FPF 7	Pink	0.87	3	Light yellow, gray, green	Yellow, brown, dark green	0.71, 0.88, 0.95
FPF 8	Cream	1.48	2	Yellow, light brown	Yellow, dark brown	0.61, 0.93

Tabela 4: Atividade antifúngica das fracções da coluna extraídas de *C. fistula* polpa do fruto contra *Alternaria solani*

S. No	Fruit pulp Column fraction	Growth Diameter after 7 days (mm) ± SD	% Mycelial growth inhibition
1	FPF-1	10.33 ± 0.41	86.46
2	FPF-2	1.33 ± 0.28	98.25
3	FPF-3	29.66 ± 0.37	61.14
4	FPF-4	12.66 ± 0.57	83.41
5	FPF-5	28.66 ± 0.55	62.45
6	FPF-6	30.66 ± 0.72	59.83
7	FPF-7	35.66 ± 0.35	53.28
8	FPF-8	40.33 ± 0.23	47.16

FPF - Fração de polpa de fruta

Figura 1: Planta *de Cassia fistula* e respetivo fruto

A: Planta inteira de *Cassia fistula*

B: Fruto (vagem) de *Cassia fistula*

C: Fruto partido com polpa de *Cassia fistula*

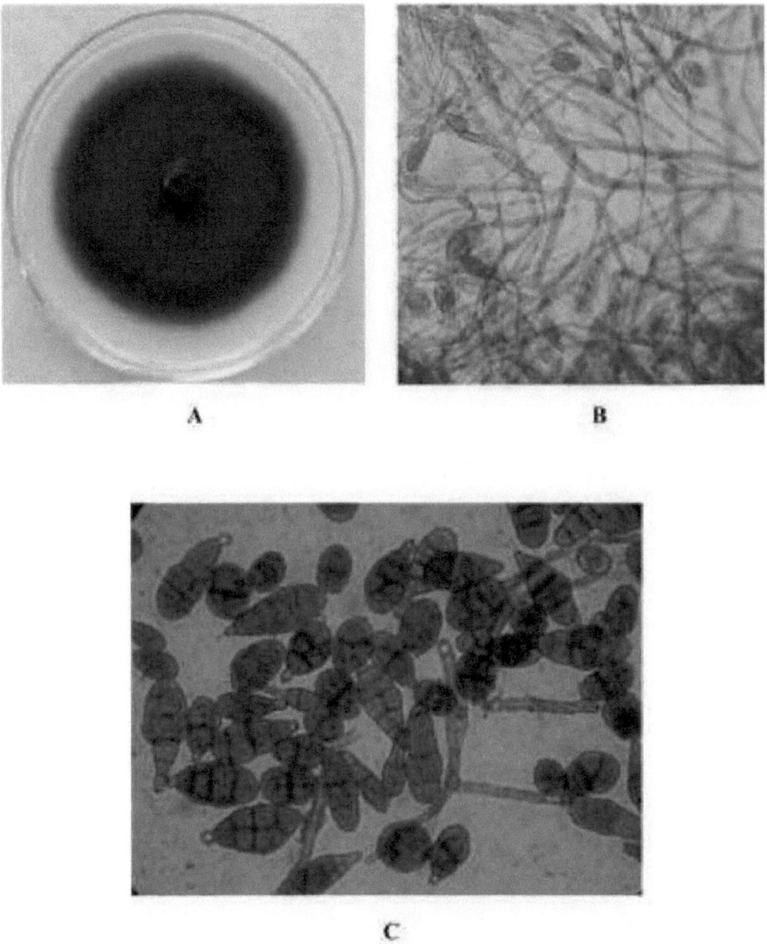

Figura 2: Caraterísticas culturais e morfológicas de *Alternaria solani*

A: Colónia de *Alternaria solani* em ágar dextrose de batata

B: Micélio de *Alternaria solani* (a 400 X)

C: Conídios de *Alternaria solani* (a 400 X)

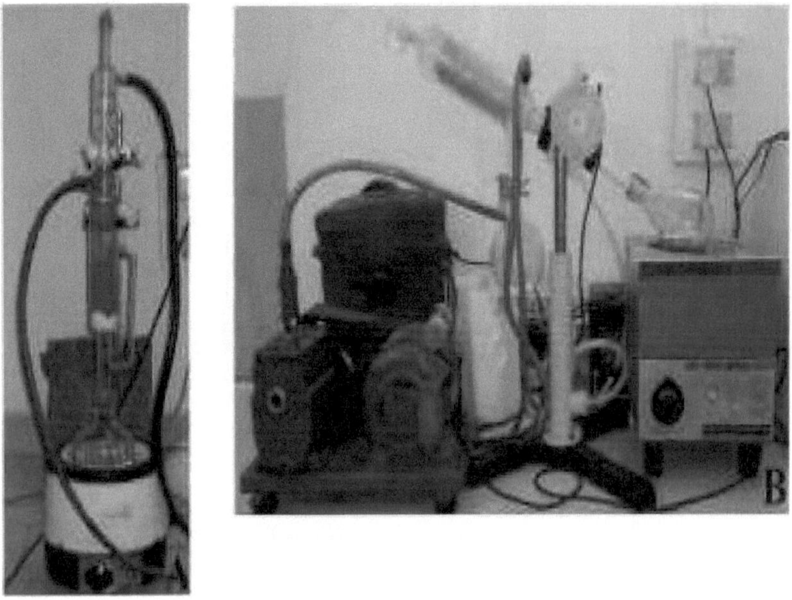

Figura 3: Preparação dos extractos

A: Montagem em Soxhlet

B: Evaporador rotativo de vácuo

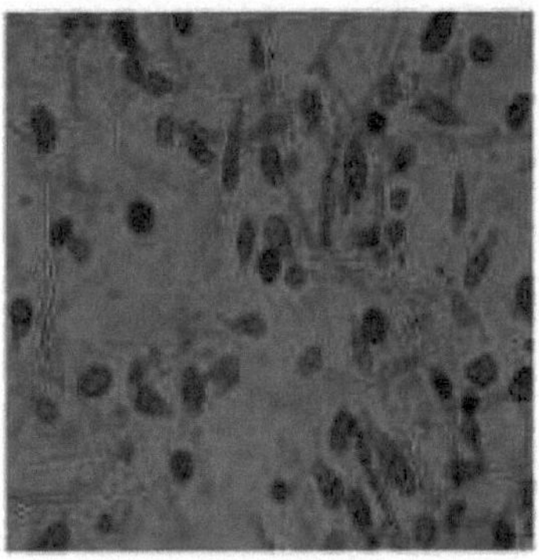

A

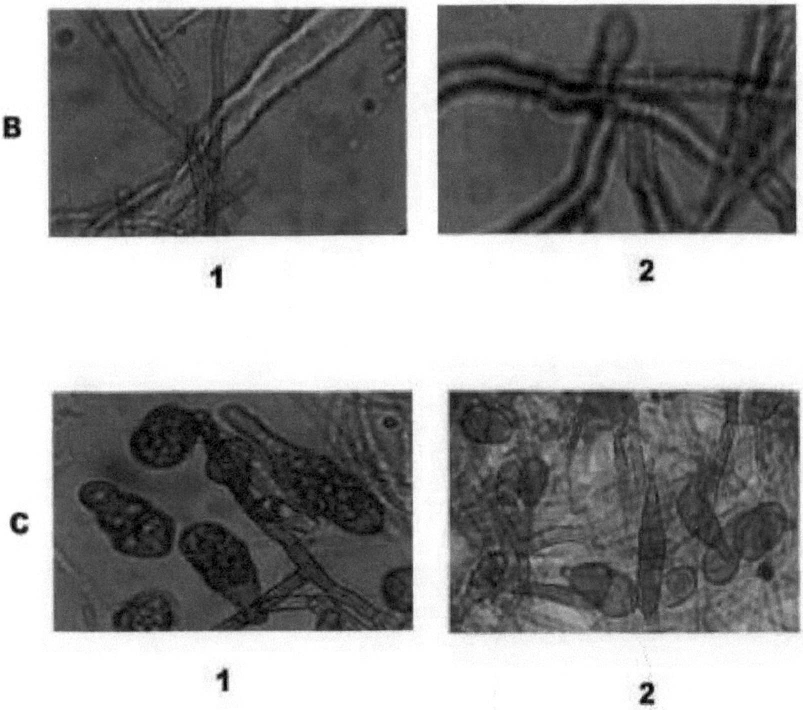

Figura 4: Alterações morfológicas em *Alternaria solani* devido ao tratamento com extrato clorofórmico em diferentes concentrações

A: Micélio, conídios e conidióforos de *Altemaria solani* (Controlo a 400x)

B: 1. Micélio normal (a 400x)

2. Micélio com largura aumentada (a 400x)

C: 1. Conídios normais (a 400x)

2. Conídios com tamanho reduzido (a 400x)

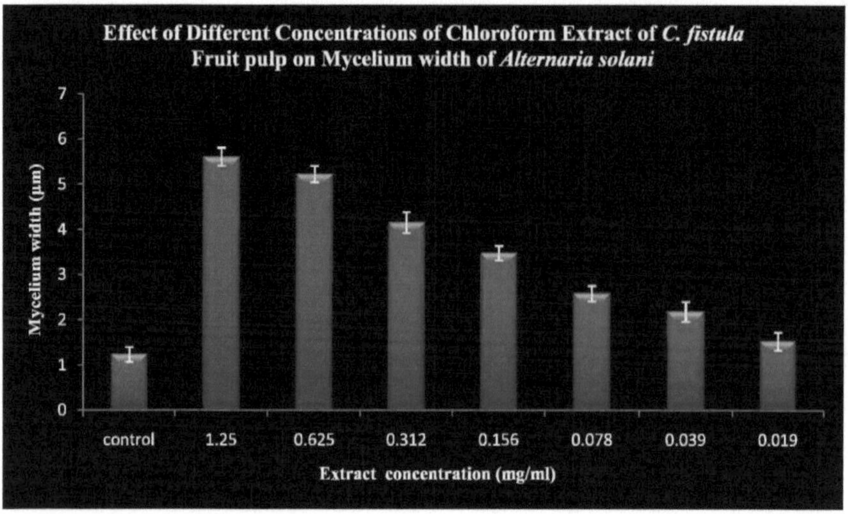

Figura 5: Efeito de diferentes concentrações do extrato clorofórmico da polpa do fruto de *Cassia fistula* na largura do micélio de *Altemaria solani*

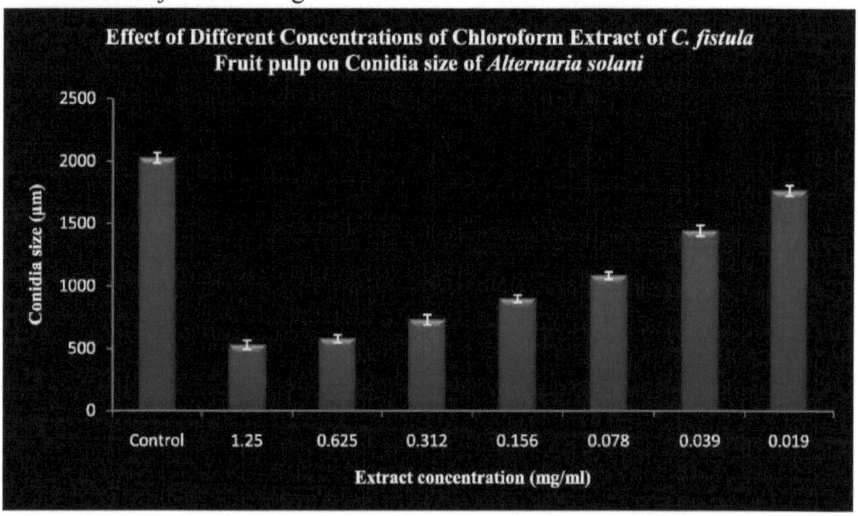

Figura 6: Efeito de diferentes concentrações do extrato clorofórmico da polpa do fruto de *Cassia fistula* no tamanho dos conídios de *Alternaria solani*

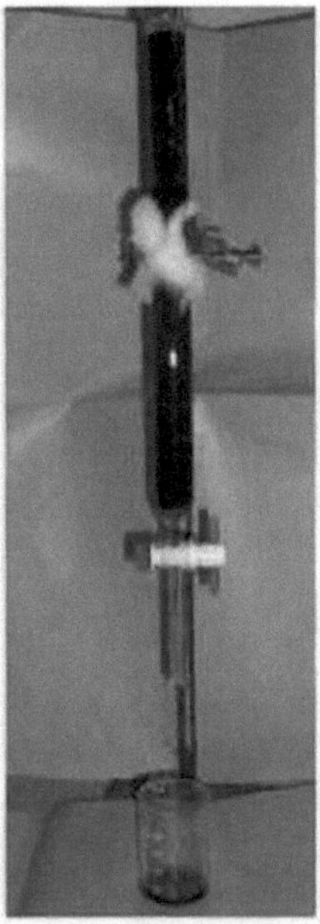

A

B

Figura 7: Cromatografia em coluna do extrato clorofórmico da polpa do fruto de *Cassia fistula*

A: Coluna de vidro

B: Fracções de oito colunas

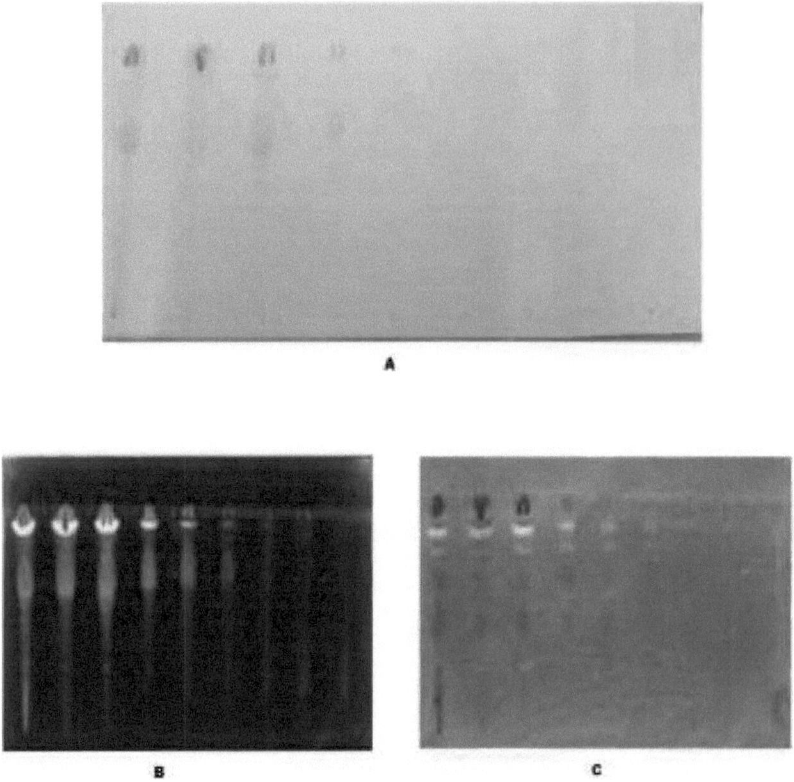

Figura 8: Cromatografia em camada fina (TLC) de várias fracções da coluna do extrato clorofórmico da polpa do fruto de *Cassia fistula*

A: Sob luz visível

B: Sob luz UV (antes da derivatização)

C: Sob luz UV (após derivatização)

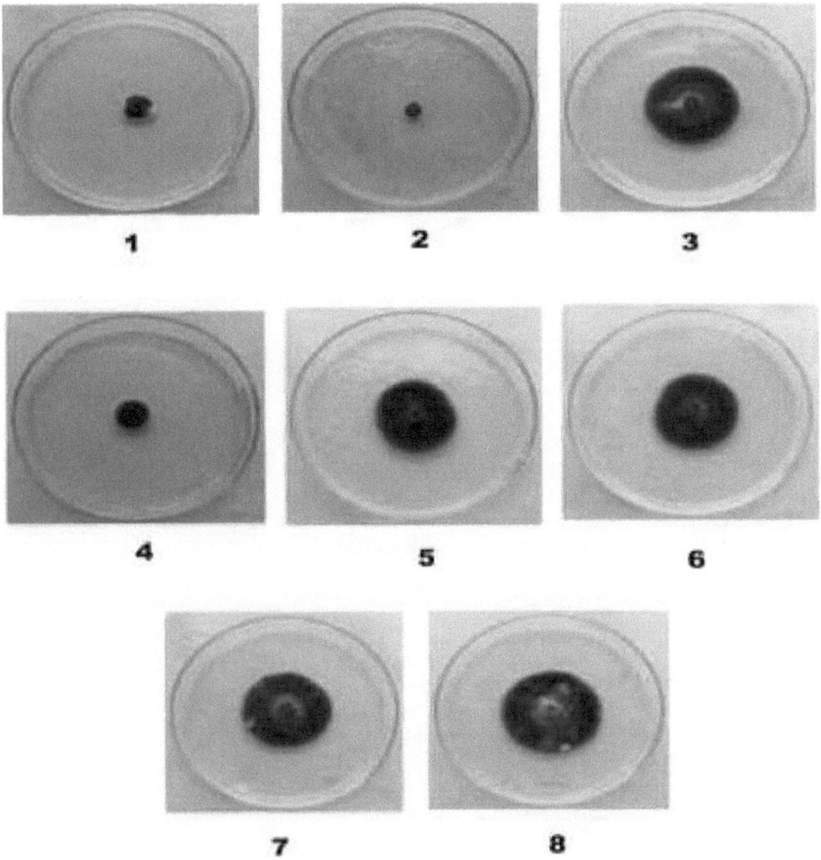

Figura 9: Atividade antifúngica das fracções da coluna (números 1-8) do extrato clorofórmico da polpa do fruto de *Cassia fistula* contra *Alternaria solani*

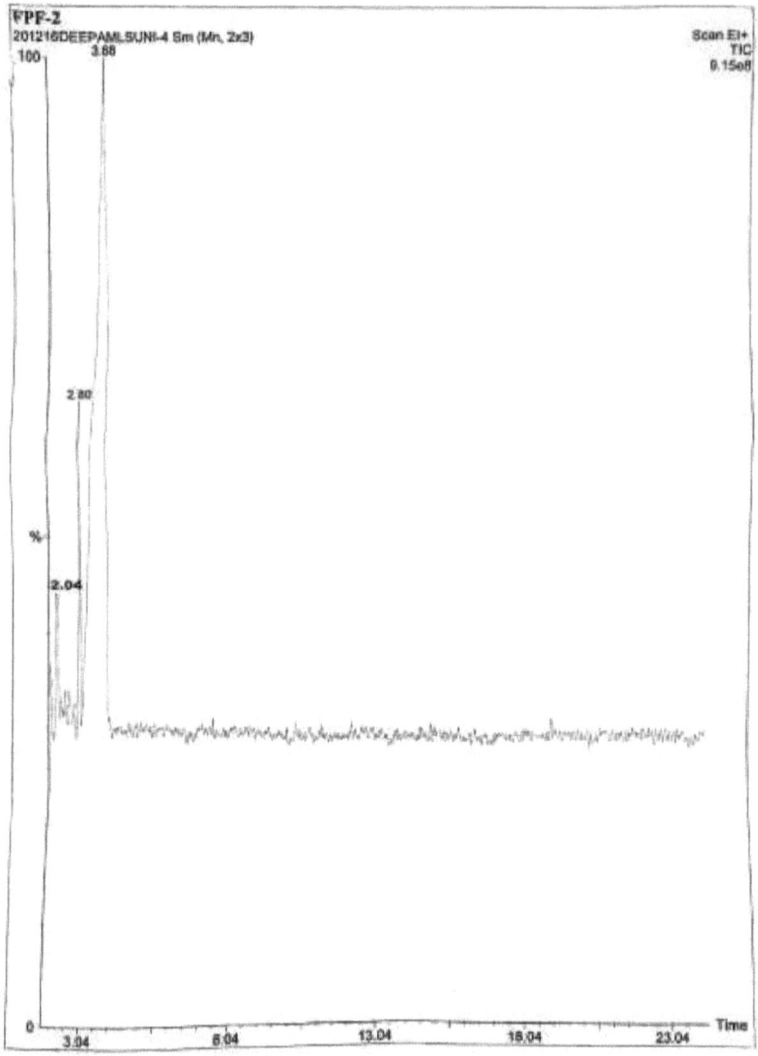

Figura 10: Análise da coluna por cromatografia gasosa e espetrometria de massa Fração n.º 2 do extrato clorofórmico da polpa do fruto de *Cassia fistula*

Isopropylacetate (Acetic acid, 1-methylethyl ester)

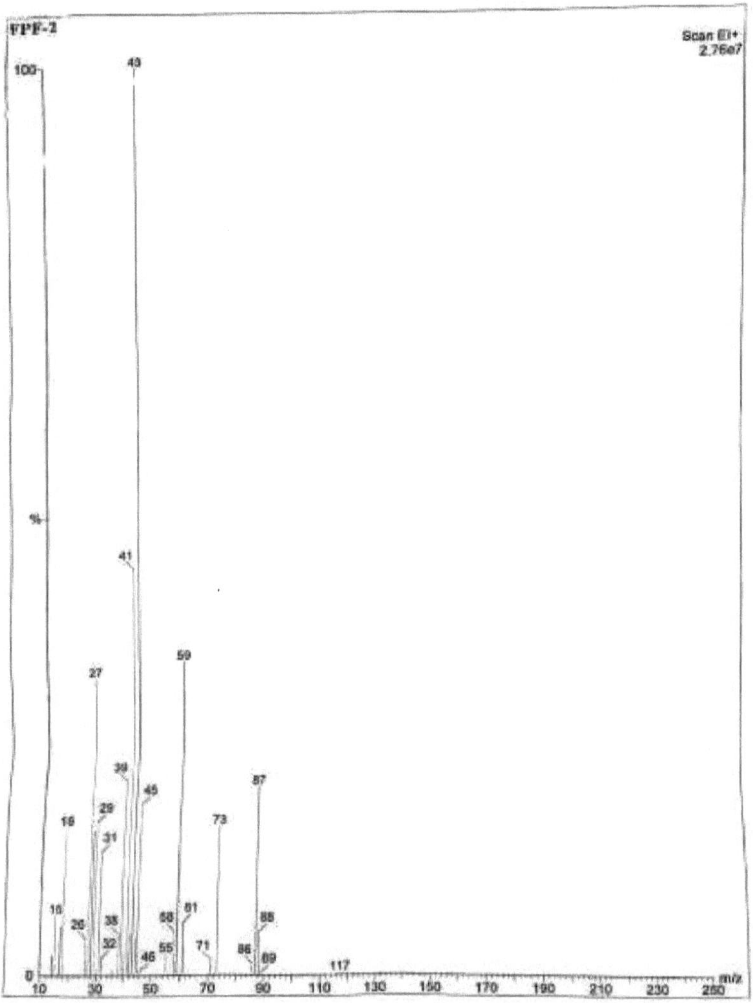

Figura 11: Espectro de massa do acetato de isopropilo (ácido acético, éster 1-metiletilo)

Penthiophane (2H-Thiopyran, tetrahydro)

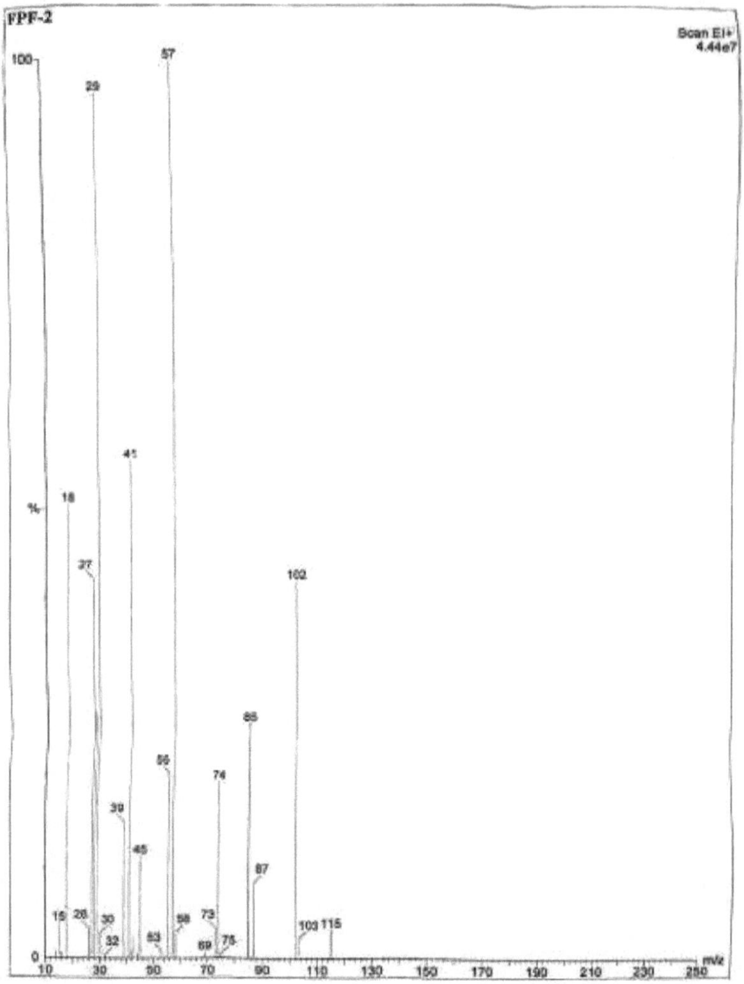

Figura 12: Espectro de massa do penthiophane (2H-Thiopyran, tetrahydro)

Butanoic acid, 2-methyl-

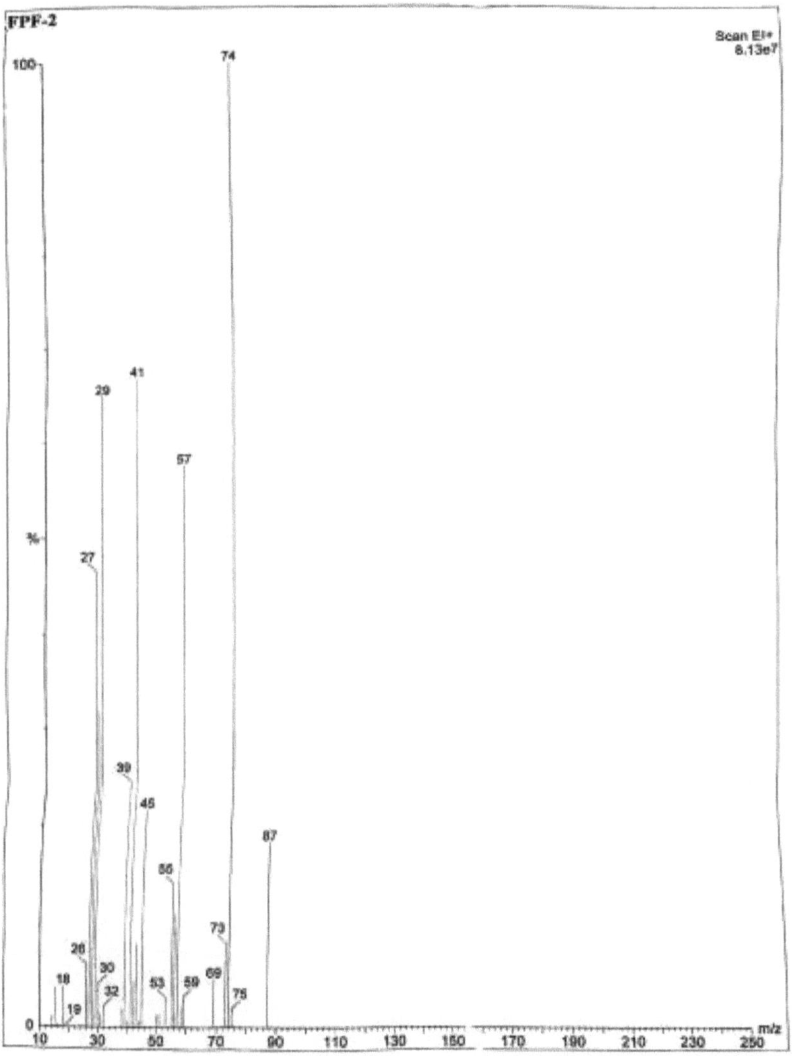

Figura 13: Espectro de massa do ácido butanóico, 2-metil-

MIX
Papier aus verantwortungsvollen Quellen
Paper from responsible sources
FSC® C105338

Printed by Books on Demand GmbH, Norderstedt / Germany